# 大学文科数学

主　编⊙ 张忠志 刘能东
副主编⊙ 余晋昌 关　力

DAXUE WENKE
SHUXUE



暨南大學出版社
JINAN UNIVERSITY PRESS
中国·广州

图书在版编目（CIP）数据

大学文科数学/张忠志，刘能东主编；余晋昌，关力副主编．—广州：暨南大学出版社，2010.1（2013.7 重印）
ISBN 978－7－81135－414－0

Ⅰ．大…　Ⅱ．①张…②刘…③余…④关…　Ⅲ．高等数学—高等学校—教材　Ⅳ．O13

中国版本图书馆 CIP 数据核字（2009）第 195660 号

出版发行：暨南大学出版社

地　址：中国广州暨南大学
电　话：总编室（8620）85221601
　　　　营销部（8620）85225284　85228291　85228292（邮购）
传　真：（8620）85221583（办公室）　85223774（营销部）
邮　编：510630
网　址：http：//www.jnupress.com　http：//press.jnu.edu.cn

排　版：暨南大学出版社照排中心
印　刷：广州市怡升印刷有限公司

开　本：890mm×1240mm　1/32
印　张：13.375
字　数：363 千
版　次：2010 年 1 月第 1 版
印　次：2013 年 7 月第 2 次
印　数：3001—4000 册

定　价：35.80 元（含学习辅导与习题解答）

# 内容提要

本书内容分为6章，分别是函数的极限、函数的导数、函数的积分、矩阵与线性方程组、命题逻辑、谓词逻辑，各章均配有一定数量的习题，书末附有习题参考答案，教学时数约48学时．使用者可根据教学实际灵活选择教学内容．

本书从各个角度较自然地引出数学基本概念，展现数学知识的来龙去脉，揭示数学对象的本质特征，体现具有创新意义的数学思想方法．书中介绍了一些数学家的品质与业绩以及数学家对数学的认识等内容，渗透了数学的人文精神，突出了文科数学教育的特点．

本书可作为高等学校文科各专业教材．

# 前言

就目前的数学教学实践而言，大学文科数学的教学内容一般由连续量的基础（微积分学）、离散量的基础（线性代数）、随机量的基础（概率论与数理统计）三个部分构成，有的教材还增加了数学方法论、数学史、数学与哲学等方面的内容．这种构建模式在教学中起到了一定的积极作用．

大学文科数学，教什么？怎么教？多年来，我们一直在思考这个问题．大学文科数学不是数学史，也不是数学方法论，更不是某些数学课程的叠加．大学文科数学是一门具有教育功能的课程，它的内容构建必须遵循教育原则，必须符合文科学生的数学现实与认知能力，必须为教育目的服务．

在构建大学文科数学时，我们遵循的原则有：

（1）发展性原则：是指教学内容的构建有利于促进学习者的数学现实和数学素质的进一步发展．

（2）针对性原则：是指根据课程的基本要求，根据学习者的数学现实、认知水平和能力，有针对性地构建教学内容．

（3）应用性原则：是指通过学习者已有的数学现实，让学习者自觉地运用数学思想和方法解决面临的问题．

基于以上的认识和多年的教学实践，《大学文科数学》一书由一元函数的微积分、线性代数初步、数理逻辑初步等内容组成，这也是本教材在内容体系方面的创新．全书采用模块化结构，共分 6 章，包括函数的极限、函数的导数、函数的积分、矩阵与线性方程组、命题逻辑、谓词逻辑等内容．讲完全部内容，约需 48 学时；如果只讲前 4 章，则需 36 学时．

众所周知，在数学学习或数学研究的过程中，智力因素与非智力因素起着同样重要的作用．然而，人们往往忽视了对非智力因素的培养，过分强调智力因素的作用．因此，我们希望通过对本书教学内容的学习，通过数学家们的名言，能够体现数学思想与数学观念，以此作为提高读者的数学素质与能力的一种途径．同时，书中介绍了多位在数学领域作出过重大贡献的数学家，展示他们的品德和信念，展现科学发现的艰辛，以此促进读者的意志、品格、毅力和情感等非智力因素的形成，提高数学修养．

本书第1、2、3章由余晋昌编写，第4章由刘能东编写，第5章由关力编写，第6章由张忠志编写，最后由张忠志统稿．

本书参阅了许多专家学者的论著，并引用了部分文献中的信息，恕不一一指明出处，在此向他们表示诚挚的谢意！

由于编者水平和时间有限，书中的错误及不妥之处在所难免，敬请读者与专家批评指正．



编　者

2009年国庆于松山湖

# 目　录



## 一元函数的微积分

## 线性代数初步

## 数理逻辑初步

# 一元函数的微积分

# 1　函数的极限

所以说数学就是这样一种东西：她提醒你有无形的灵魂，她赋予她所发现的真理以生命；她唤起心神，澄净智慧；她给我们的内心思想添辉；她涤尽我们有生以来的蒙昧与无知．

哪里有数，哪里就有美．

——Proclus

## 1.1　函数

### 1.1.1　函数的定义



在生产实践和科学研究中，会碰到各种各样的量．在某个问题的研究过程中，保持不变的量称为常量，可以取不同数值的量称为变

---

牛顿（Isaac Newton，1642—1727）

英国数学家、物理学家、天文学家和自然哲学家．1642年12月25日生于英格兰，1727年3月20日在伦敦病逝．1661年入英国剑桥大学三一学院，1665年获文学学士学位．随后两年在家乡躲避瘟疫．这两年里，他制定了一生大多数重要科学创造的蓝图．1667年回剑桥后当选为三一学院院委，次年获硕士学位．1669年，任卢卡斯教授，一直到1701年．1696年任皇家造币厂监督，并移居伦敦．1703年，任英国皇家学会会长．1705年，受女王安娜封爵．他晚年潜心于自然哲学与神学．牛顿在数学上卓越的贡献之一是从运动学的角度出发建立了微积分．在他的巨著《自然哲学的数学原理》中，第一次正式公布了他的微积分学，但该书对微积分命题的叙述和论证采用了几何的形式，这成为牛顿微积分学说的一个弱点，而后来固守牛顿的方法和记号，在18世纪阻碍了英国数学的发展．除微积分外，牛顿在数学上的贡献还涉及代数、数论、解析几何、曲线分类、变分法乃至概率论等众多分支．

量.函数就是刻画变量在运动变化中相依关系的数学模型，它是微积分学研究的主要对象.

**例1** 心理学研究表明，小学生对新概念的接受能力 $G$（即学习兴趣、注意力、理解力的某种量度）随学习时间 $t$ 的变化规律为

$$G(t) = -0.1t^2 + 2.6t + 43.$$

接受能力曲线如图 1－1 所示。通过对函数表达式的分析及几何形态可以了解儿童的接受能力 $G$ 随学习时间 $t$ 的变化规律，即接受能力何时上升、何时达到顶峰、何时下降.由此例可抽象出函数的概念.

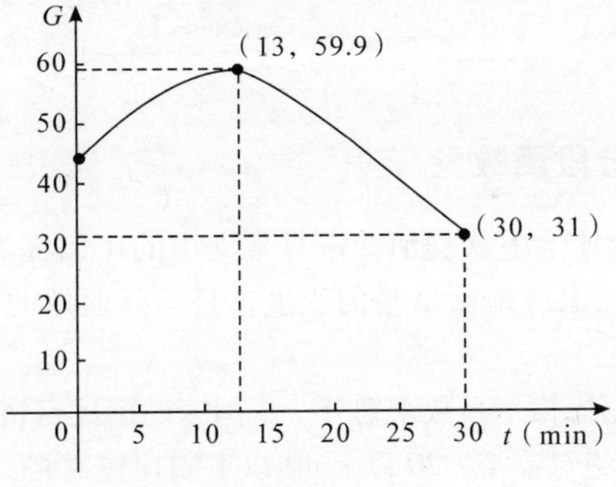


图 1－1



“函数”一词最早出现在莱布尼茨1673年的一篇手稿中，直到19世纪末，随着康托尔集合论影响的逐渐扩大，一些数学家使用集合论的语言给出了函数概念的抽象表述，加之20世纪抽象分析的发展，函数概念也获得了更一般的意义和更抽象的形式.

**定义1** 设 $X$ 与 $Y$ 是实数集的子集，若有对应法则 $f$，使得对于 $X$

中的每个数 $x$，都有唯一的数 $y\in Y$ 与之对应，则称 $f$ 是定义在数集 $X$ 上的函数，记作 $y=f(x)$. 称数集 $X$ 为函数 $f$ 的定义域，记为 $D_f$. 称全体函数值组成的集合 $V_f\triangleq\{y\mid y=f(x),\ x\in X\}$ 为函数的值域.

称集合 $G=\{(x,\ y)\mid y=f(x),\ x\in X\}$ 为函数的图像.

**例 2** 求函数 $y=f(x)=\arccos(x+1)+\dfrac{1}{\sqrt{x^2-1}}$ 的定义域.

**解** 两个函数之和的定义域是这两个函数的定义域的交集.

函数 $f_1(x)=\arccos(x+1)$ 的定义域 $D_{f_1}=[-2,0]$，函数 $f_2(x)=\dfrac{1}{\sqrt{x^2-1}}$ 的定义域 $D_{f_2}=(-\infty,-1)\cup(1,+\infty)$.

故函数 $y=f(x)=\arccos(x+1)+\dfrac{1}{\sqrt{x^2-1}}$ 的定义域为 $D_f=[-2,-1)$.

### 1.1.2 分段函数



**例 3** 在统计学中饮食消费占日常支出的比例称为恩格尔系数，它反映了一个国家或地区富裕的程度，是国际通用的一项重要经济指标。

联合国根据恩格尔系数来划分一个国家的国民富裕程度：恩格尔系数小于 20 为绝对富裕，20 以上 40 以下属比较富裕，40 以上 50 以下算小康水平，50 以上 60 以下为刚好温饱，60 以上则为贫困. 试以图像法表示国民富裕程度.

**解** 以 $x$ 表示恩格尔系数，对富裕程度分别适当赋值，以 $y$ 表示之，

$A$：表示贫困；

$B$：表示温饱；

$C$：表示小康水平；

$D$：表示比较富裕；

$E$：表示绝对富裕．

则国民富裕程度如图 1－2 所示．

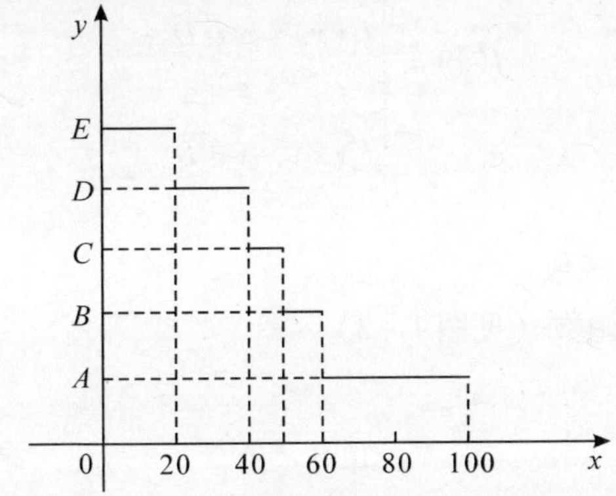


图 1－2



**定义 2** 设 $X_1, X_2, \cdots, X_n$ 是集合 $X$ 的一列子集，若

(1) $\bigcup\limits_{i=1}^{n} X_i = X$；

(2) $X_i \cap X_j = \varnothing$，$i \neq j$；$i, j = 1, 2, \cdots, n$.

则称 $X_1, X_2, \cdots, X_n$ 为 $X$ 的一个划分．

例如，给定集合 $X = \{a, b, c, d, e, f\}$，则集合 $X_1 = \{a, b\}$，$X_2 = \{c, d, e, f\}$ 是 $X$ 的一个划分；集合 $X_1 = \{a, b\}$，$X_2 = \{c\}$，$X_3 = \{d, e, f\}$ 也是 $X$ 的一个划分．

又如，给定集合 $X = (-\infty, +\infty)$，则集合 $X_1 = (-\infty, 0)$，$X_2 = [0, +\infty)$ 是 $X$ 的一个划分；集合 $X_1 = (-\infty, 0)$，$X_2 = \{0\}$，$X_3 = (0, +\infty)$ 也是 $X$ 的一个划分．

这说明一个集合的划分不是唯一的．

**定义 3** 设数集 $D_1$，$D_2$，…，$D_n$ 是函数 $y=f(x)$ 定义域 $D_f$ 的一个划分，若函数

$$f(x)=\begin{cases} f_1(x), & x\in D_1; \\ f_2(x), & x\in D_2; \\ \quad\vdots \\ f_n(x), & x\in D_n. \end{cases}$$

则称 $f(x)$ 是分段函数.

例如，符号函数（见图 1-3）

$$\operatorname{sgn}x=\begin{cases} 1, & x>0 \\ 0, & x=0 \\ -1, & x<0 \end{cases}$$



和狄利克雷（Dirichlet）函数

$$f(x)=\begin{cases} 1, & \text{当 } x \text{ 为有理数} \\ 0, & \text{当 } x \text{ 为无理数} \end{cases}$$

均是分段函数.

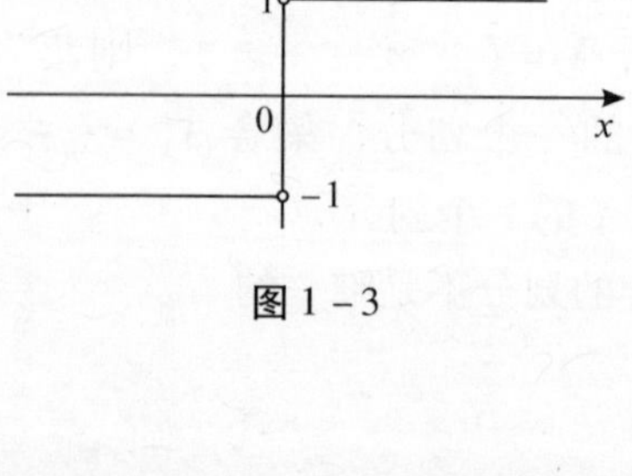


图 1-3

### 1.1.3 有界函数

**定义4** 设函数 $f(x)$ 的定义域为 $D_f$，若存在正常数 $M$，对任何 $x \in D_f$，使得

$$|f(x)| \leqslant M,$$

则称函数 $f(x)$ 为有界函数.

例如，函数 $y=\sin x$ 是有界函数，因为取 $M=1$，对任何 $x \in \mathbf{R}$ 有 $|\sin x| \leqslant 1$（见图1-4）.

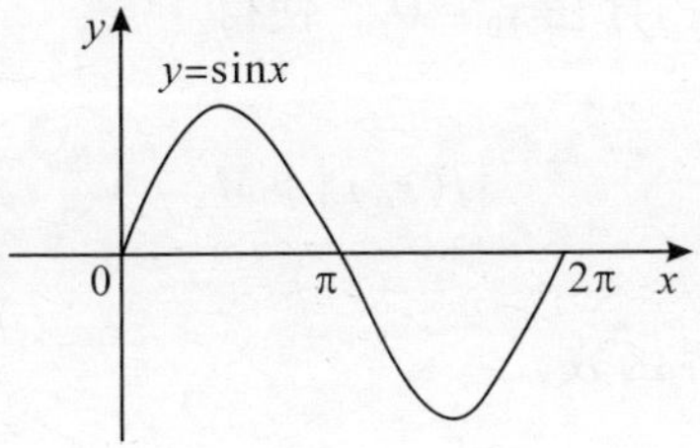


图1-4

又如，函数 $f(x)=\dfrac{x}{1+x}$（$x>0$）是有界函数，因为取 $M=1$，对任何 $x>0$ 有 $\left|\dfrac{x}{1+x}\right|<1$.

再如，函数 $y=\tan x$ 不是有界函数，而是无界函数. 这一结论可从正切函数的图形（见图1-5）得知.

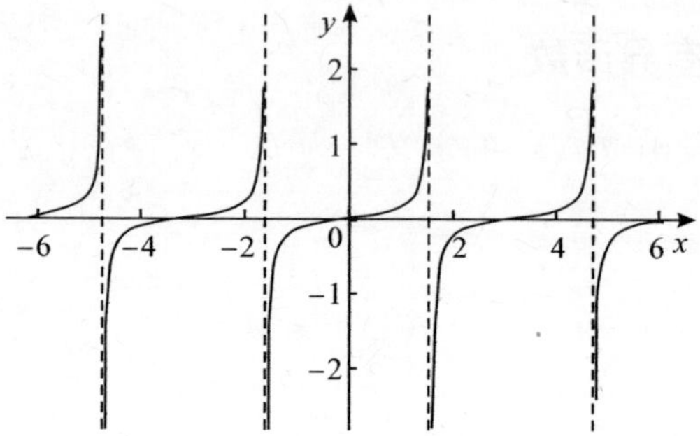


图 1－5

无界函数与有界函数是一对矛盾概念，无界函数的定义如下：

若对任何 $M>0$，存在 $x_0\in D_f$，使得

$$|f(x_0)|>M,$$



则称函数 $f(x)$ 为无界函数．

### 1.1.4　复合函数

**定义 5**　设有函数 $y=f(u)$ 和 $u=g(x)$，若 $V_g\cap D_f\neq\varnothing$，则称函数 $y=f[g(x)]$ 为函数 $f$ 与 $g$ 的复合函数，并称 $f$ 为外层函数，$g$ 为内层函数，$u$ 为中间变量．

例如，函数 $y=\sin^2 x$ 是由函数 $y=u^2$，$u=\sin x$ 复合而成的；而函数 $y=\ln\cos x^2$ 是由函数 $y=\ln u$，$u=\cos v$，$v=x^2$ 复合而成的．

中学数学所研究的常量函数、幂函数、指数函数、对数函数、三角函数、反三角函数 6 类函数统称为基本初等函数．由基本初等函数经过有限多次四则运算和复合运算所得到并可用一个式子表示的函数称为初等函数．

# 1.2 函数的极限

## 1.2.1 函数极限的定义

极限理论是微积分学的基础．函数的极限问题就是研究函数的自变量在某一指定的范围内变化时，对应的函数值的变化趋势．下面通过对给定的几个函数图形的研究，给出函数极限的定义．

给定函数 $f(x)=\dfrac{1}{x-1}$，考察函数值随自变量 $x$ 的变化趋势．

它的图形如图 1－6 所示：

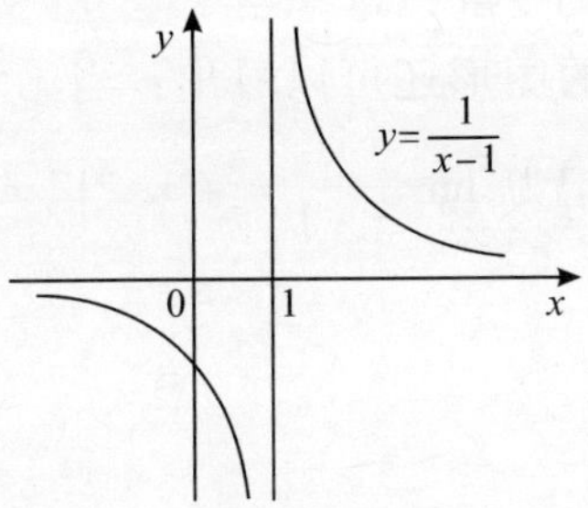


图 1－6

当自变量 $x$ 无限地接近 0（记为 $x\to 0$）时，由函数 $y=f(x)$ 的图形可以看出，$f(x)$ 的值无限地接近常数 $-1$，此时，称常数 $-1$ 为函数 $f(x)$ 当 $x\to 0$ 时的极限，记为 $\lim\limits_{x\to 0}\dfrac{1}{x-1}=-1$.

一般来说，当 $x\to x_0$ 时，函数 $f(x)$ 以常数 $A$ 为极限，则记为 $\lim\limits_{x\to x_0}f(x)=A$.

容易得到函数 $f(x)$ 在点 $x=0$ 处的函数值 $f(0)=-1$. 显然，$\lim\limits_{x\to 0}f(x)=-1=f(0)$，此时，称函数 $f(x)$ 在点 $x=0$ 处连续.

一般来说，若 $\lim\limits_{x\to x_0}f(x)=f(x_0)$，$x_0\in D_f$，则称函数 $f(x)$ 在 $x=x_0$ 处连续.

当 $x\to\infty$ 时，由函数 $y=f(x)$ 的图形（见图 1－6）可以看出，对应的函数值无限地接近常数 0，则称常数 0 为函数 $f(x)$ 当 $x\to\infty$ 时的极限，记为 $\lim\limits_{x\to\infty}\dfrac{1}{x-1}=0$.

一般来说，当 $x\to\infty$ 时，函数 $f(x)$ 以常数 $A$ 为极限，记为 $\lim\limits_{x\to\infty}f(x)=A$.

特别地，若 $A=0$，则称函数 $f(x)$ 是当 $x\to\infty$ 时的无穷小量，即无穷小量是以零为极限的变量.

由函数 $y=f(x)$ 的图形还可以看出：当 $x>1$ 且 $x\to 1$ 时，函数 $f(x)$ 以 $+\infty$ 为极限，记为 $\lim\limits_{x\to 1^+}\dfrac{1}{x-1}=+\infty$. 以 $\infty$ 为极限的函数称为无穷大量.



考察分段函数

$$y=f(x)=\begin{cases}x+1, & x>0;\\ 0, & x=0;\\ x-1, & x<0.\end{cases}$$

它的图形如图 1－7 所示.

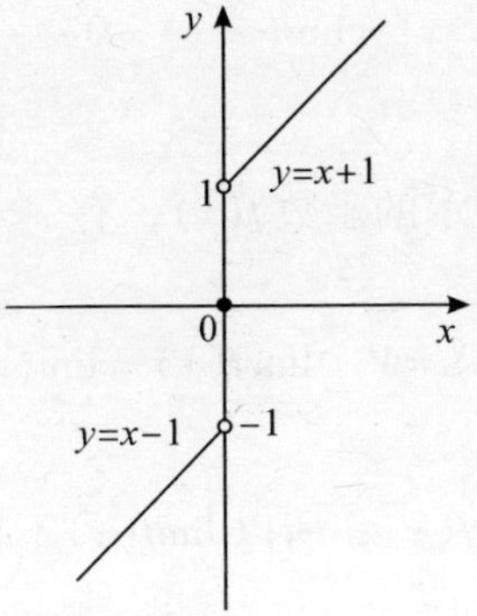


图 1 -7

当 $x\to 0^-$，即 $x$ 小于 0 且无限地接近 0 时，$f(x)$ 的值无限地接近常数 -1，则称常数 -1 为函数 $f(x)$ 在点 $x=0$ 的左极限，记为

$$\lim_{x\to 0^-}f(x)=-1.$$



当 $x\to 0^+$，即 $x$ 大于 0 且无限地接近 0 时，$f(x)$ 的值无限地接近常数 1，则称常数 1 为函数 $f(x)$ 在点 $x=0$ 的右极限，记为

$$\lim_{x\to 0^+}f(x)=1.$$

可以证明左、右极限定理.

**定理 1** $\lim\limits_{x\to x_0}f(x)=A$（$A$ 为常数）的充要条件是 $\lim\limits_{x\to x_0^-}f(x)=A$ 且 $\lim\limits_{x\to x_0^+}f(x)=A$.

例如，给定函数 $f(x)=|x|$，求 $\lim\limits_{x\to 0}f(x)$ .

因为 $\lim\limits_{x\to 0^+}f(x)=\lim\limits_{x\to 0^+}|x|=\lim\limits_{x\to 0}x=0$，

$$\lim_{x\to 0^-}f(x)=\lim_{x\to 0^-}|x|=\lim_{x\to 0}(-x)=0,$$

所以，$\lim\limits_{x\to 0}f(x)=0$.

又如，对图 1－7 所示的函数 $f(x)$，有

$$\lim_{x\to 0^+}f(x)=\lim_{x\to 0}(x+1)=1,\quad \lim_{x\to 0^-}f(x)=\lim_{x\to 0}(x-1)=-1.$$

由于 $\lim\limits_{x\to 0^+}f(x)\neq\lim\limits_{x\to 0^-}f(x)$，所以 $\lim\limits_{x\to 0}f(x)$ 不存在.

注意：术语“函数极限存在”是指函数的极限为某一常数.

一个定义在正整数集合上的函数 $y_n=f(n)$，当自变量 $n$ 按正整数增大的顺序取值时，函数值按相应的顺序排成一串数：

$$f(1),\ f(2),\ f(3),\ \cdots,\ f(n),\ \cdots$$



它被称为一个无穷数列，简称数列. 数列中的每一个数称为数列的项，$f(n)$ 称为数列的一般项.

例如，$y_n=\dfrac{1}{2^n}$，或 $\dfrac{1}{2}$，$\dfrac{1}{4}$，$\dfrac{1}{8}$，$\dfrac{1}{16}$，$\cdots$

显然，当 $n$ 无限增大时，它的通项无限地接近 0，称 0 是数列 $\left\{\dfrac{1}{2^n}\right\}$ 的极限.

一般来说，如果当 $n$ 无限增大时，数列的一般项 $y_n$ 无限地接近一个确定的常数 $A$，则称 $A$ 为数列 $y_n$ 当 $n\to\infty$ 时的极限，记为 $\lim\limits_{n\to\infty}y_n=A$.

在连续变量 $x\to+\infty$ 的过程中，包含了 $x$ 取正整数的情况，因而离散变量 $n\to\infty$ 是 $x\to+\infty$ 的特殊情况，所以，数列极限 $\lim\limits_{n\to\infty}f(n)$ 是函数极限 $\lim\limits_{x\to+\infty}f(x)$ 的特殊情况，即有下面的结论：

若 $\lim\limits_{x\to+\infty}f(x)=A$ 成立，则 $\lim\limits_{n\to\infty}f(n)=A$.

于是，数列的极限问题可转化为函数的极限问题来求解.

基本初等函数只有6类，而且它们的图形都能画出来，这样，就可以通过观察它们的图形来求极限. 但是，直观得到的结论未必正确，而且对于较为复杂的函数（如无法画出图形的函数），就不能用此方法求极限. 对于给定的函数，怎样求其极限呢？由于人们所研究的函数一般都是初等函数，即由基本初等函数经过有限多次的加、减、乘、除以及复合运算得到的函数. 因此，要寻找求函数极限的有效方法，就必须研究基本初等函数的极限，函数的和、差、积、商的极限，复合函数的极限.

### 1.2.2 函数极限的四则运算法则

考察函数 $f(x)=x^2$，$g(x)=2x$.

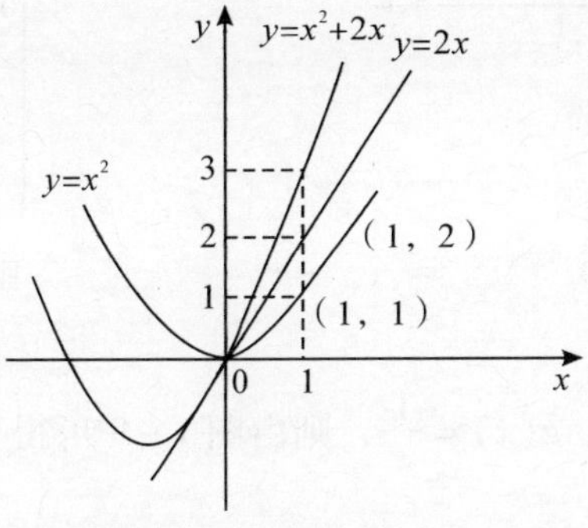


图 1-8

当 $x\to 1$ 时，由它们的图形（见图 1-8）可知：

$$\lim_{x\to 1} f(x)=\lim_{x\to 1} x^2=1,\ \lim_{x\to 1} g(x)=\lim_{x\to 1} 2x=2,$$

$$\lim_{x\to 1}[f(x)+g(x)]=\lim_{x\to 1}(x^2+2x)=3,$$

所以，$\lim\limits_{x\to 1}[f(x)+g(x)]=3$

$=\lim\limits_{x\to 1}x^2+\lim\limits_{x\to 1}2x$

$=\lim\limits_{x\to 1}f(x)+\lim\limits_{x\to 1}g(x).$

由此提出问题 1：$\lim[f(x)+g(x)]=\lim f(x)+\lim g(x)$是否成立?

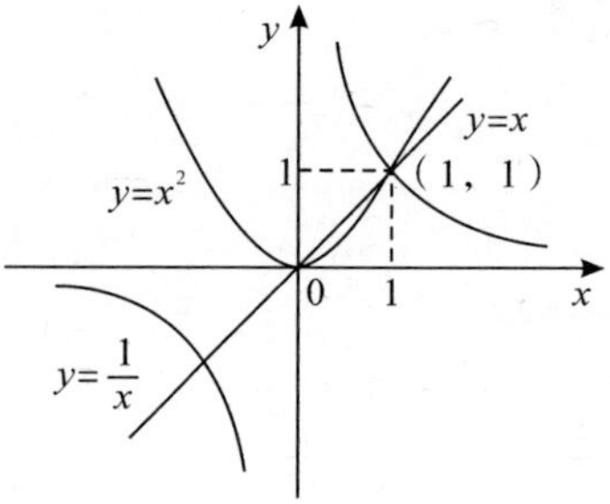


图 1 -9

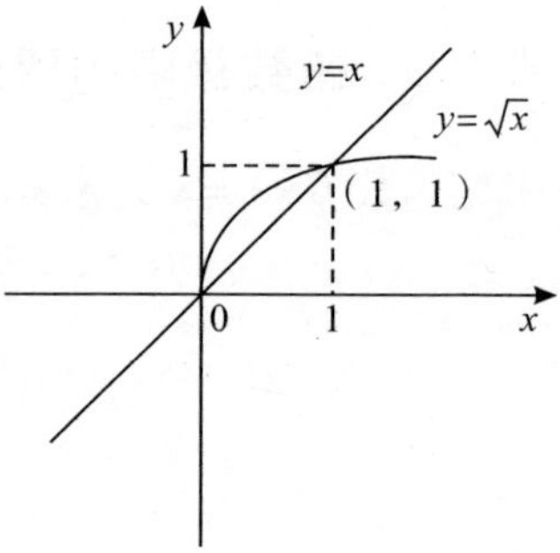


图 1 -10



若取 $f(x)=x^2$，$g(x)=\dfrac{1}{x}$，则由图 1 -9 可得

$$\lim_{x\to 1}[f(x)g(x)]=\lim_{x\to 1}x=1$$

$$=\lim_{x\to 1}x^2\cdot\lim_{x\to 1}\frac{1}{x}=\lim_{x\to 1}f(x)\lim_{x\to 1}g(x).$$

于是，提出问题 2：$\lim[f(x)g(x)]=\lim f(x)\lim g(x)$是否成立?

同样，若取 $f(x)=x$，$g(x)=\sqrt{x}$，则由图 1 -10 可得

$$\lim_{x\to1}\left[\frac{f(x)}{g(x)}\right]=\lim_{x\to1}\sqrt{x}=1=\frac{\lim\limits_{x\to1}x}{\lim\limits_{x\to1}\sqrt{x}}=\frac{\lim\limits_{x\to1}f(x)}{\lim\limits_{x\to1}g(x)}.$$

同样，提出问题3：$\lim\frac{f(x)}{g(x)}=\frac{\lim f(x)}{\lim g(x)}$是否成立?

由以上可以证明如下结论：

**定理2**　设极限$\lim f(x)$和$\lim g(x)$存在，则：

（1）$\lim[f(x)\pm g(x)]=\lim f(x)\pm\lim g(x)$.

（2）$\lim[f(x)g(x)]=\lim f(x)\lim g(x)$,

进而有 $\lim[cf(x)]=c\lim f(x)$，$c$ 为常数，

$$\lim[f(x)]^{\alpha}=[\lim f(x)]^{\alpha},\alpha\in\mathbf{R}.$$

（3）$\lim\frac{f(x)}{g(x)}=\frac{\lim f(x)}{\lim g(x)}[\lim g(x)\neq0]$.

**例4**　求 $\lim\limits_{x\to1}(x^2-3x+1)$ .

**解**　$\lim\limits_{x\to1}(x^2-3x+1)$

$=\lim\limits_{x\to1}x^2-3\lim\limits_{x\to1}x+\lim\limits_{x\to1}1=-1$.



设多项式$f(x)=a_nx^n+a_{n-1}x^{n-1}+\cdots+a_1x+a_0$，由定理2可得

$$\lim_{x\to x_0}(a_nx^n+a_{n-1}x^{n-1}+\cdots+a_1x+a_0)=a_nx_0^n+a_{n-1}x_0^{n-1}+\cdots+a_1x_0+a_0.$$

因此，在例4中，

$$\lim_{x\to1}(x^2-3x+1)=(x^2-3x+1)\big|_{x=1}=1^2-3\times1+1=-1.$$

**例 5** 求 $\lim\limits_{x\to 0}\left[\dfrac{x+2}{x+1}+(x-1)\sin x\right]$.

**解** $$\lim_{x\to 0}\left[\frac{x+2}{x+1}+(x-1)\sin x\right]=\lim_{x\to 0}\frac{x+2}{x+1}+\lim_{x\to 0}(x-1)\lim_{x\to 0}\sin x$$
$$=\frac{\lim\limits_{x\to 0}(x+2)}{\lim\limits_{x\to 0}(x+1)}-\lim_{x\to 0}\sin x$$
$$=2.$$

**例 6** 求 $\lim\limits_{x\to 1}\dfrac{x^2+4x+3}{x+1}$.

**解** $$\lim_{x\to 1}\frac{x^2+4x+3}{x+1}=\lim_{x\to 1}\frac{(x+1)(x+3)}{x+1}=\lim_{x\to 1}(x+3)=4.$$

由定理 1，不难得到下面的推论 .

**推论 1** 设极限 $\lim f(x)$ 与 $\lim g(x)$ 存在，则

$$\lim[c_1 f(x)+c_2 g(x)]=c_1\lim f(x)+c_2\lim g(x),$$



其中 $c_1$、$c_2$ 均为常数 .

这一公式称为极限的线性公式 .

**推论 2** 有限个无穷小量的代数和仍然是无穷小量 .

**推论 3** 有限个无穷小量的积仍然是无穷小量 .

值得注意的是，无穷小量除具有推论 2 和推论 3 所叙述的性质外，还具有如下性质：

**性质 1** 有界量与无穷小量的积仍是无穷小量 .

**性质 2** 无穷小量 $\alpha$（$\alpha\neq 0$）的倒数是无穷大量；反之，无穷大量的倒数是无穷小量 .

**例 7** 证明 $\lim\limits_{x\to\infty}\dfrac{\sin x}{x}=0$.

**证** 由于对任何 $x\in\mathbf{R}$，有 $|\sin x|\leqslant 1$，即函数 $\sin x$ 为有界函

数，且

$$\lim_{x\to\infty}\frac{1}{x}=0,$$

所以，根据性质1，有 $\lim\limits_{x\to\infty}\frac{\sin x}{x}=0$.

### 1.2.3 复合函数的极限

考察函数 $f(u)=\sin u$，$u=\varphi(x)=x-2$.

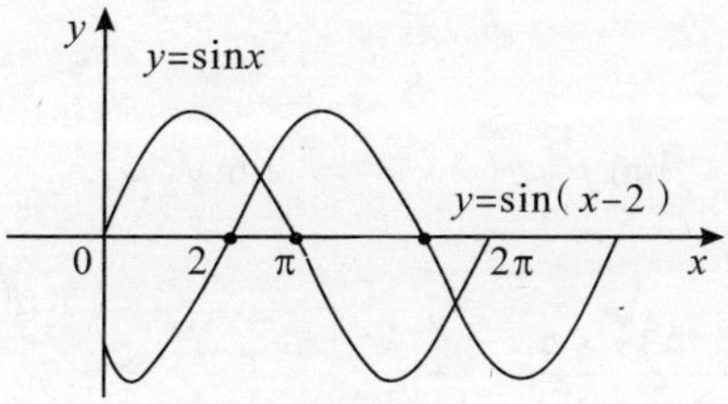


图 1-11

由图 1-11 和定理 2 可知，当 $x\to 2$ 时，有

$$\lim_{x\to 2}u=\lim_{x\to 2}\varphi(x)=\lim_{x\to 2}(x-2)=0,$$
$$\lim_{x\to 2}f[\varphi(x)]=\lim_{x\to 2}\sin(x-2)=0,$$

又因为

$$\lim_{u\to 0}f(u)=\lim_{u\to 0}\sin u=0,$$

所以，

$$\lim_{x\to 2} f[\varphi(x)] \overset{u=x-2}{=} \lim_{u\to 0} f(u).$$

一般来说，有下面结论.

**定理 3** 设 $\lim\limits_{x\to x_0} g(x)=u_0$，$\lim\limits_{u\to u_0} f(u)=A$. 则有

$$\lim_{x\to x_0} f[g(x)]=A,$$

即

$$\lim_{x\to x_0} f[g(x)] \overset{u=g(x)}{=} \lim_{u\to u_0} f(u).$$



**例 8** 求 $\lim\limits_{x\to\infty} \dfrac{x^2-3x+4}{3x^2+2}$.

**解** 令 $u=\dfrac{1}{x}$，当 $x\to\infty$ 时，$u\to 0$. 于是有

$$\begin{aligned}\lim_{x\to\infty} \frac{x^2-3x+4}{3x^2+2} &= \lim_{x\to\infty} \frac{1-\frac{3}{x}+\frac{4}{x^2}}{3+\frac{2}{x^2}} \\ &= \lim_{u\to 0} \frac{1-3u+4u^2}{3+2u^2} \\ &= \frac{\lim\limits_{u\to 0}(1-3u+4u^2)}{\lim\limits_{u\to 0}(3+2u^2)} \\ &= \frac{1}{3}.\end{aligned}$$

**例 9** 求 $\lim\limits_{x\to\infty}\dfrac{x^3+x^2}{x^2+2x+2}$.

**解** 先求极限 $\lim\limits_{x\to\infty}\dfrac{x^2+2x+2}{x^3+x^2}$,

$$\lim_{x\to\infty}\frac{x^2+2x+2}{x^3+x^2}=\lim_{x\to\infty}\frac{\frac{1}{x}+2\left(\frac{1}{x}\right)^2+2\left(\frac{1}{x}\right)^3}{1+\frac{1}{x}}$$

$$\overset{u=\frac{1}{x}}{=}\lim_{u\to0}\frac{u+2u^2+2u^3}{1+u}=0,$$

所以，由性质 2 得

$$\lim_{x\to\infty}\frac{x^3+x^2}{x^2+2x+2}=\infty.$$



从例 8 和例 9 的求解过程来看，复合函数的极限定理体现了求函数极限的变量代换方法．而且，自变量的极限 $x\to0$ 与 $x\to\infty$ 是可以相互转化的．

不难证明：若 $f(x)=a_0x^n+a_1x^{n-1}+\cdots+a_n$，$g(x)=b_0x^m+b_1x^{m-1}+\cdots+b_m$，则

$$\lim_{x\to\infty}\frac{f(x)}{g(x)}=\begin{cases}0, & n<m;\\ \dfrac{a_0}{b_0}, & n=m;\\ \infty, & n>m.\end{cases}$$

例如，

$$\lim_{x\to\infty}\frac{3x^2+4x+5}{2x^2+3x+4}=\frac{3}{2};$$

$$\lim_{x\to\infty}\frac{4x+5}{2x^2+3x+4}=0;$$

$$\lim_{x\to\infty}\frac{4x^3+3x+5}{2x^2+3x+4}=\infty.$$

**例 10** 求 $\lim\limits_{x\to\infty}\frac{1}{(\sqrt{x+1}-\sqrt{x})\sqrt{x}}$.

**解** 令 $u=\frac{1}{x}$，当 $x\to\infty$ 时，$u\to 0$. 于是有

$$\begin{aligned}\lim_{x\to\infty}\frac{1}{(\sqrt{x+1}-\sqrt{x})\sqrt{x}}&=\lim_{x\to\infty}\frac{\sqrt{x+1}+\sqrt{x}}{\sqrt{x}(\sqrt{x+1}-\sqrt{x})(\sqrt{x+1}+\sqrt{x})}\\&=\lim_{x\to\infty}\frac{\sqrt{x+1}+\sqrt{x}}{\sqrt{x}}\\&=\lim_{x\to\infty}\sqrt{1+\frac{1}{x}}+1\\&=\lim_{u\to 0}(\sqrt{1+u}+1)=2.\end{aligned}$$

可以证明下面两个重要的极限：

$$\lim_{x\to 0}\frac{\sin x}{x}=1 \tag{1.1}$$

$$\lim_{x\to\infty}(1+\frac{1}{x})^x=e \tag{1.2}$$

**例 11** 求 $\lim\limits_{x \to 0}\frac{\tan 3x}{x}$.

**解** 令 $u=3x$，当 $x\to0$ 时，$u\to0$. 于是有

$$\lim_{x\to0}\frac{\tan 3x}{x}=\lim_{x\to0}\left(\frac{\sin 3x}{x}\cdot\frac{1}{\cos 3x}\right)=\lim_{x\to0}\frac{\sin 3x}{x}\cdot\lim_{x\to0}\frac{1}{\cos 3x}$$

$$=\lim_{x\to0}\frac{\sin 3x}{x}=3\lim_{u\to0}\frac{\sin u}{u}=3.$$

**例 12** 求 $\lim\limits_{x\to0}\frac{1-\cos x}{x^2}$.

**解** 令 $u=\frac{x}{2}$，当 $x\to0$ 时，$u\to0$. 于是有

$$\lim_{x\to0}\frac{1-\cos x}{x^2}=\lim_{x\to0}\frac{2\sin^2\frac{x}{2}}{x^2}=\frac{1}{2}\lim_{u\to0}\frac{\sin^2 u}{u^2}$$

$$=\frac{1}{2}\left(\lim_{u\to0}\frac{\sin u}{u}\right)^2=\frac{1}{2}.$$



应该注意，例 8、例 9 都是属于“两个无穷大量的商”的极限类型，记为“$\frac{\infty}{\infty}$”，而例 11、例 12 则是属于“两个无穷小量的商”的极限类型，记为“$\frac{0}{0}$”. 这两类极限都是不定型，它们都不满足定理 2 的条件，故不能直接利用定理 2 求解. 对于不定型，应先将所给定的函数进行恒等变形，化为“标准型”（即直接利用定理 2 求解的极限类型）再求解.

**例 13** 求 $\lim\limits_{n\to\infty}(2^n\sin\frac{a}{2^n})$（$a$ 为不等于零的常数）.

**解** 先考虑极限 $\lim\limits_{x\to\infty}(2^x\sin\frac{a}{2^x})$，令 $u=\frac{a}{2^x}$，则当 $x\to+\infty$ 时，$u\to 0$，且

$$\lim_{x\to+\infty}(2^x\sin\frac{a}{2^x})=\lim_{u\to 0}(\frac{a}{u}\sin u)=a\lim_{u\to 0}\frac{\sin u}{u}=a,$$

所以，$\lim\limits_{n\to\infty}(2^n\sin\frac{a}{2^n})=\lim\limits_{x\to+\infty}(2^x\sin\frac{a}{2^x})=a.$

**例 14** 求 $\lim\limits_{x\to\frac{\pi}{2}}(1+\cot x)^{\tan x}$.

**解** 令 $u=\tan x$，则 $\cot x=\frac{1}{\tan x}=\frac{1}{u}$，当 $x\to\frac{\pi}{2}$ 时，$u\to\infty$.



所以，$\lim\limits_{x\to\frac{\pi}{2}}(1+\cot x)^{\tan x}=\lim\limits_{u\to\infty}(1+\frac{1}{u})^u=\mathrm{e}.$

**例 15** 求 $\lim\limits_{x\to\infty}(1-\frac{2}{x})^x$.

**解** 令 $u=-\frac{x}{2}$，当 $x\to\infty$ 时，$u\to\infty$.

$$\lim_{x\to\infty}(1-\frac{2}{x})^x=\lim_{x\to\infty}(1+\frac{1}{-\frac{x}{2}})^x=\lim_{u\to\infty}(1+\frac{1}{u})^{-2u}$$

$$=\lim_{u\to\infty}[(1+\frac{1}{u})^u]^{-2}=[\lim_{u\to\infty}(1+\frac{1}{u})^u]^{-2}=\mathrm{e}^{-2}.$$

例 16　求 $\lim\limits_{x\to\infty}\left(\frac{x+2}{x+1}\right)^x$.

解　令 $u=x+1$, $v=\frac{1}{x+1}$, 当 $x\to\infty$ 时, $u\to\infty$, $v\to 0$.

$$\lim_{x\to\infty}\left(\frac{x+2}{x+1}\right)^x=\lim_{x\to\infty}\left(1+\frac{1}{x+1}\right)^x=\lim_{x\to\infty}\frac{\left(1+\frac{1}{x+1}\right)^{x+1}}{1+\frac{1}{x+1}}$$

$$=\frac{\lim\limits_{x\to\infty}\left(1+\frac{1}{x+1}\right)^{x+1}}{\lim\limits_{x\to\infty}\left(1+\frac{1}{x+1}\right)}=\frac{\lim\limits_{u\to\infty}\left(1+\frac{1}{u}\right)^u}{\lim\limits_{v\to 0}(1+v)}=\mathrm{e}.$$

例 13 属于“$\infty\cdot 0$”类型的不定型，而例 14、例 15、例 16 则属于“$1^\infty$”类型的不定型. 求解这类不定型问题，需要通过变换，再利用公式（1.1）或（1.2）求解.



## 1.3　函数的连续性

自然界中的许多变量都是连续变化的，如气温的变化、作物的生长、金属丝加热时的长度等等，这种现象反映在数学上就是函数的连续性.

函数的连续性是微积分中的一个重要概念，但在微积分发展的早期，数学家们主要依赖几何直观处理与之相关的问题，对这一概念的深入研究直到 19 世纪早期才开始. 这一工作是由波尔查诺首先推动并经过柯西和魏尔斯特拉斯的努力完成的.

**定义 6**　设函数 $f(x)$ 在 $x_0\in D_f$ 的附近有定义，若

$$\lim_{x \to x_0} f(x) = f(x_0),$$

则称函数 $f(x)$ 在点 $x_0$ 处连续.

**例 17** 设函数 $f(x) = \begin{cases} \dfrac{\sin 2x}{x}, & x > 0; \\ x^2 + 2, & x \leqslant 0. \end{cases}$

函数 $f(x)$ 在点 $x = 0$ 处连续吗?

**解** 由函数的定义知: $f(0) = 2$, 而且有

$$\lim_{x \to 0^-} f(x) = \lim_{x \to 0^-} (x^2 + 2) = 2,$$

$$\lim_{x \to 0^+} f(x) = \lim_{x \to 0^+} \frac{\sin 2x}{x} = 2 \lim_{u \to 0^+} \frac{\sin u}{u} = 2.$$

因此, $\lim\limits_{x \to 0} f(x) = 2$. 显然, $\lim\limits_{x \to 0} f(x) = f(0)$, 即函数 $f(x)$ 在点 $x = 0$ 处连续.



如果 $\lim\limits_{x \to x_0^+} f(x) = f(x_0)$, 则称函数 $f(x)$ 在点 $x_0$ 处右连续; 如果 $\lim\limits_{x \to x_0^-} f(x) = f(x_0)$, 则称函数 $f(x)$ 在点 $x_0$ 处左连续.

由定义 6 可得:

**定理 4** 函数 $f(x)$ 在点 $x_0$ 处连续的充分必要条件是 $f(x)$ 在点 $x_0$ 处左、右连续.

如果函数 $f(x)$ 在开区间 $(a, b)$ 内的每一点处都连续, 则称函数 $f(x)$ 在开区间 $(a, b)$ 内连续.

如果函数 $f(x)$ 在开区间 $(a, b)$ 内的每一点处都连续, 且在 $x = a$ 处右连续, 又在 $x = b$ 处左连续, 则称函数 $f(x)$ 在闭区间 $[a, b]$ 内连续.

类似可定义函数 $f(x)$ 在区间 $[a, b)$ 和 $(a, b]$ 上的连续性,

以及在 $(-\infty, b]$ 和 $[a, +\infty)$ 等无界区间上的连续性.

从几何上来看，如果函数 $f(x)$ 在区间 $(a, b)$ 内连续，那么它的图形是一条连续不断的曲线.

能够证明:

**定理 5** 连续函数的和、差、积、商（分母不为零）仍是连续函数；由连续函数复合而成的复合函数在其定义域内仍是连续函数.

**定理 6** 基本初等函数在其定义区间内是连续的.

由定理 5、定理 6，可以得到:

**定理 7** 一切初等函数在其定义域内是连续的.

由此，产生了一种求极限的方法：利用函数的连续性求极限，即如果 $f(x)$ 是初等函数，且 $x_0$ 是 $f(x)$ 的定义域内的点，则

$$\lim_{x \to x_0} f(x) = f(x_0).$$



**例 18** 求 $\lim\limits_{x \to 0} \dfrac{e^{\sin x} + (x+1)\cos 2x}{\ln(e-x)}$.

**解** 显然，函数 $e^{\sin x} + (x+1)\cos 2x$ 的定义域为实数集 **R**，函数 $\ln(e-x)$ 的定义域是

$$\{x \mid x < e \text{ 且 } x \neq e-1\},$$

所以，初等函数 $f(x) = \dfrac{e^{\sin x} + (x+1)\cos 2x}{\ln(e-x)}$ 的定义域为 $\{x \mid x < e$ 且 $x \neq e-1\}$. 因而，函数 $f(x)$ 在点 $x=0$ 处连续，故有

$$\lim_{x \to 0} \frac{e^{\sin x} + (x+1)\cos 2x}{\ln(e-x)} = \left. \frac{e^{\sin x} + (x+1)\cos 2x}{\ln(e-x)} \right|_{x=0} = 2.$$

最后，介绍闭区间上连续函数的一个重要性质.

**定理 8** 若函数 $f(x)$ 在闭区间 $[a, b]$ 上连续，则函数 $f(x)$ 在闭区间 $[a, b]$ 上取得最大值和最小值，即存在 $x_1, x_2 \in [a, b]$，使得对任何 $x \in [a, b]$，有

$$f(x) \geqslant f(x_1)$$

且

$$f(x) \leqslant f(x_2).$$

例如，函数 $f(x) = x^2 + 2x + 3$ 在区间 $[-2, 3]$ 上连续，故在区间 $[-2, 3]$ 上取得最大值与最小值，其最大值与最小值分别为



$$f_{\max}(3) = 18, \ f_{\min}(-1) = 2.$$

定理 8 被称为函数的最大值与最小值定理，它是求解函数最值问题的理论基础.

## 本章小结

本章首先介绍了函数、复合函数、有界函数以及分段函数的概念；其次，通过对几个函数图形的直观分析，引出了函数极限的定义，并基于对研究对象——初等函数的分析，建立了函数极限的线性公式、函数积与商的极限公式，以及复合函数的极限公式；最后，定义了连续函数，得到了初等函数的连续性定理，给出了函数的最大值

与最小值定理.

函数的极限与函数的连续性是微积分学中基本而又重要的概念.

基本初等函数的极限是极限问题的基础，所有函数的极限问题最终都归结为基本初等函数的极限问题. 基本初等函数的极限可由初等函数的连续性定理得到.

极限的线性公式解决了有限多个函数线性组合的极限问题；极限的乘法公式解决了函数乘积的极限问题；极限的除法公式解决了函数商的极限问题；复合函数的极限公式解决了复合函数的极限问题，并提出了求函数极限的变量代换方法. 应该注意的是，这些公式的使用是有条件的，当条件不成立时，就不能运用这些公式.

本章的主要问题有：

（1）求给定函数的极限.

求解这一问题的关键是极限公式的选择和运用. 对于具体问题，怎样选择极限公式呢？首先应对给定函数的代数结构进行分析，然后根据分析的结果选择相应的极限公式，重复这一过程，逐步转化，直到求出极限值为止. 常见的方法有：



①利用极限的四则运算法则求极限；

②利用无穷小量的性质求极限；

③利用复合函数的极限法则，即变量代换法求极限；

④利用两个重要的极限求给定函数的极限；

⑤利用初等函数的连续性求极限；

⑥运用左、右极限定理求极限.

上面列举的是求函数极限的基本方法，应该注意这些方法使用的前提，把握这些方法的特征. 这些方法不是孤立的，只有将它们有机地结合起来，才能有效地求解极限问题.

在求给定函数的极限时，往往会遇到不能直接利用上述方法求解的情况，这时应对所给的函数进行恒等变形（例如，利用因式分解、分子或分母有理化、三角公式、变量代换等方法)，直到可以运用上述方法为止.

(2) 讨论函数的连续性.

这一问题的本质是极限问题，因此，可以利用求极限的方法和函数连续的定义来讨论函数的连续性问题.

## 习题一

1. 求下列函数的定义域:

(1) $y=\frac{1}{x-1}$;

(2) $y=\sqrt{2x+3}$;

(3) $y=\frac{1}{4-x^2}$;

(4) $y=\sqrt{x^2-9}$;

(5) $y=\frac{1}{1-x^2}+\sqrt{x+2}$;

(6) $y=\frac{1}{x}-\sqrt{1-x^2}$;

(7) $y=\frac{1}{\sqrt{16-x^2}}$;

(8) $y=\frac{3x}{x^2+x-2}$;

(9) $y=\sin\sqrt{x}$;

(10) $y=\ln(x+1)$;

(11) $y=\arcsin(2x+1)$;

(12) $y=\mathrm{e}^{\frac{1}{x}}$.

2. 设$f(x)=\ln\frac{1+x}{1-x}$，证明$f(-x)=-f(x)$.

3. 设$f(x)=\arcsin x$，求下列函数值:

$$f(0),\ f(-1),\ f\left(\frac{\sqrt{3}}{2}\right),\ f\left(-\frac{\sqrt{2}}{2}\right),\ f(1).$$

4. $F(x)=\mathrm{e}^x$. 证明:

(1) $F(x)F(y)=F(x+y)$;

(2) $\frac{F(x)}{F(y)}=F(x-y)$.

5. 在下列各题中，求由所给函数复合而成的函数，并求该函数分别对应于给定自变量 $x_1$ 和 $x_2$ 的函数值：

（1）$y=u^2$，$u=\sin x$，$x_1=\dfrac{\pi}{6}$，$x_2=\dfrac{\pi}{3}$；

（2）$y=\sin u$，$u=2x$，$x_1=\dfrac{\pi}{8}$，$x_2=\dfrac{\pi}{4}$；

（3）$y=\sqrt{u}$，$u=1+x^2$，$x_1=1$，$x_2=2$；

（4）$y=e^u$，$u=x^2$，$x_1=0$，$x_2=1$；

（5）$y=u^2$，$u=e^x$，$x_1=1$，$x_2=-1$.

6. 下列函数可以看成是由哪些简单函数复合而成？

（1）$y=\sqrt{5x-1}$；（2）$y=2\sqrt[3]{1+x}$；

（3）$y=(1+\ln x)^5$；（4）$y=e^{-x^2}$；

（5）$y=\sqrt{\ln\sqrt{x}}$；（6）$y=\lg^2\arccos x^3$.

7. 观察并写出下列函数的极限：

（1）$\lim\limits_{x\to\infty}\dfrac{1}{x^2}$；（2）$\lim\limits_{x\to 2}(x+2)$；（3）$\lim\limits_{x\to 2}\dfrac{x^2-4}{x-2}$；

（4）$\lim\limits_{x\to-\infty}2^x$；（5）$\lim\limits_{x\to 0^-}e^{\frac{1}{x}}$；（6）$\lim\limits_{x\to\infty}\dfrac{x}{1+x}$.

8. 设函数

$$f(x)=\begin{cases}x+2, & x<1;\\ 2x+1, & x\geqslant 1.\end{cases}$$

作出 $f(x)$ 的图形，试问 $\lim\limits_{x\to 1^-}f(x)$、$\lim\limits_{x\to 1^+}f(x)$ 以及 $\lim\limits_{x\to 1}f(x)$ 是否存在？

9. 下列函数中，哪些是无穷小量？哪些是无穷大量？

（1）$3+\dfrac{1}{x}$ $(x\to 0)$；（2）$\dfrac{2}{x^2+1}$ $(x\to\infty)$；

（3）$3^{-x}$ $(x\to+\infty)$；（4）$\dfrac{1}{3^x}$ $(x\to-\infty)$.

10. 设$f(x)=\frac{x}{x}$，$g(x)=\frac{|x|}{x}$. 当$x\to 0$时，求$f(x)$、$g(x)$的左右极限，问$\lim\limits_{x\to 0}f(x)$、$\lim\limits_{x\to 0}g(x)$是否存在？

11. 下列函数在什么情况下为无穷大量？在什么情况下为无穷小量？

（1）$y=\frac{x+1}{x-1}$；（2）$y=\ln x$；（3）$y=\frac{x+2}{x^2}$.

12. 利用无穷小量的性质证明：

（1）$\lim\limits_{x\to 0}x^2\sin\frac{1}{x}=0$；（2）$\lim\limits_{x\to\infty}\frac{\arctan x}{x}=0$；（3）$\lim\limits_{x\to\infty}\frac{\cos x^2}{x}=0$.

13. 求下列函数的极限：

（1）$\lim\limits_{x\to 2}(4x^3-x^2-30)$；（2）$\lim\limits_{x\to 1}\frac{x^2+2x+3}{x^3+1}$；

（3）$\lim\limits_{x\to\sqrt{3}}\frac{x^2-3}{x^2+1}$；（4）$\lim\limits_{x\to 2}\frac{x-2}{\sqrt{x+2}}$；

（5）$\lim\limits_{x\to 1}\frac{x^2-2x+1}{x^2-1}$；（6）$\lim\limits_{x\to 0}\frac{4x^3-2x^2+3x}{3x^2+x}$；

（7）$\lim\limits_{h\to 0}\frac{(x+h)^2-x^2}{h}$；（8）$\lim\limits_{x\to\infty}(2-\frac{1}{x}+\frac{1}{x^2})$；

（9）$\lim\limits_{n\to\infty}\frac{2n^2-2n-3}{3n^2+1}$；（10）$\lim\limits_{n\to\infty}\frac{n^2+n}{n^3-3n+1}$；

（11）$\lim\limits_{x\to\frac{1}{2}}\frac{8x^3-1}{6x^2-5x+1}$；（12）$\lim\limits_{x\to 4}\frac{x^2-6x+8}{x^2-5x+4}$；

（13）$\lim\limits_{x\to\infty}(1+\frac{1}{x})(2-\frac{1}{x^2})$；（14）$\lim\limits_{x\to 1}(\frac{1}{1-x}-\frac{3}{1-x^3})$；

（15）$\lim\limits_{x\to 0}\frac{\sin 5x}{x}$；（16）$\lim\limits_{x\to 0}\frac{x^2}{\sin^2\frac{x}{3}}$；

（17）$\lim\limits_{x\to 0}\frac{\sin 6x}{\tan 2x}$；（18）$\lim\limits_{x\to\infty}(1+\frac{1}{x+1})^x$；

(19) $\lim\limits_{x\to\infty}(1+\frac{2}{x})^{x}$；　　(20) $\lim\limits_{x\to\infty}(\frac{x+1}{x-1})^{x}$.

14. 求下列函数的极限：

(1) $\lim\limits_{x\to 0}\sqrt{3x^{3}-2x+8}$；　　(2) $\lim\limits_{x\to\infty}x\ln(\frac{x+1}{x})$；

(3) $\lim\limits_{x\to 0}\frac{\sqrt{1+x}-1}{2x}$；　　(4) $\lim\limits_{x\to 1}\frac{\sqrt{5x-4}-\sqrt{x}}{x-1}$；

(5) $\lim\limits_{x\to 0}\frac{x^{2}}{1-\sqrt{1+x^{2}}}$；　　(6) $\lim\limits_{x\to 0}\ln\frac{\sin x}{x}$.

15. 设函数

$$f(x)=\begin{cases}e^{x}, & x<0;\\ 1+x, & x\geqslant 0.\end{cases}$$

问函数 $f(x)$ 在 $x_0=0$ 处是否连续？

# 2　函数的导数

人必须确信，如果他是在给科学添加许多新的术语而让读者接着研究那摆在他们面前的奇妙难尽的东西，那么他就已经使科学获得了巨大的进展.

——A. L. Cauchy

人类的一切知识皆始于直观，其次是概念，最后发展为理念.

——I. Kant

## 2.1　导数

### 2.1.1　函数导数的定义



曲线的切线问题：求曲线 $y=f(x)$ 在点（$x_0$，$y_0$）处的切线方程.

---

莱布尼茨（G. W. Leibniz，1646—1716）

德国数学家、哲学家. 1646 年 7 月 1 日生于莱比锡，1716 年 11 月 14 日卒于德国. 1661 年入莱比锡大学学习法律，又曾到耶拿大学学习几何，1666 年在纽伦堡阿尔特多夫取得法学博士学位. 1667 年他投身于外交界，1675 年任腓特烈公爵顾问及图书馆馆长.

莱布尼茨的多才多艺在历史上很少有人能和他相比. 他的著作包括历史、语言、生物、地质、物理、法律、神学等方面. 他终生奋斗的主要目标是寻找一种可以获得知识和创造发明的普遍方法. 这种努力导致许多数学的发明，最突出的是微积分，他从几何学的角度出发，与牛顿同时建立了微积分. 他的论文《一种求极大、极小值和切线的新方法……》是世界上最早的微积分文献，比牛顿的《自然哲学的数学原理》早 3 年. 这篇论文已含有现代微分符号和基本微分法则，给出了极值条件和拐点条件. 在哲学方面，他倡导客观唯心主义的单子论.

如图 2－1 所示，设曲线 $y=f(x)$ 经过点 $M(x_0, y_0)$，在其上取另一点 $N(x, y)$，则称经过点 $M$、$N$ 的直线为曲线 $y=f(x)$ 的割线 $MN$. 当点 $N(x, y)$ 沿曲线趋向于 $M(x_0, y_0)$ 时，则称割线 $MN$ 的极限位置为曲线 $y=f(x)$ 在点 $(x_0, y_0)$ 处的切线.

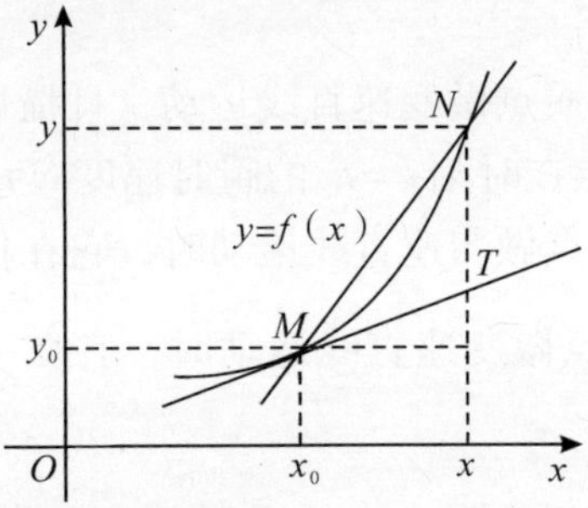


图 2－1



显然，曲线 $y=f(x)$ 经过点 $(x_0, y_0)$. 因此，求曲线 $y=f(x)$ 在点 $(x_0, y_0)$ 处的切线方程的关键在于求切线的斜率. 直接计算可得割线的斜率为

$$k_{割线}=\frac{f(x)-f(x_0)}{x-x_0}.$$

当 $x\to x_0$ 时，则点 $N$ 将沿着曲线趋近于点 $M$，从而割线 $MN$ 达到极限位置 $MT$，这个极限位置 $MT$ 就是曲线 $y=f(x)$ 在点 $(x_0, y_0)$ 处的切线. 因此，割线 $MN$ 斜率的极限等于切线 $MT$ 的斜率，即

$$k_{切线}=\lim_{x\to x_0}\frac{f(x)-f(x_0)}{x-x_0}.$$

若记 $\Delta x = x - x_0$，$\Delta y = f(x) - f(x_0) = f(x_0 + \Delta x) - f(x_0)$，则上式又可写为

$$k_{切线} = \lim_{x \to x_0} \frac{f(x) - f(x_0)}{x - x_0} = \lim_{\Delta x \to 0} \frac{f(x_0 + \Delta x) - f(x_0)}{\Delta x}.$$

速度问题：设某质点做变速直线运动，且描述质点运动位置的函数为 $s = f(t)$，求质点在时刻 $t = t_0$ 的瞬时速度 $v(t_0)$.

众所周知，当质点做匀速直线运动时，它在任何时刻的瞬时速度均为 $v = \frac{s}{t}$. 但当质点做变速直线运动时，它在不同时刻的瞬时速度是不同的.

为了求得质点在时刻 $t = t_0$ 的瞬时速度，先考虑质点在时间段 $[t_0, t_0 + \Delta t]$ 内的运动. 在这一时间段内，质点的平均速度为



$$\bar{v} = \frac{f(t_0 + \Delta t) - f(t_0)}{\Delta t}.$$

当时间间隔 $\Delta t$ 很小时，可以认为质点在时间段 $[t_0, t_0 + \Delta t]$ 内近似地做匀速运动. 因此，$\bar{v}$ 可作为质点在时刻 $t = t_0$ 的瞬时速度 $v(t_0)$ 的近似值，且当时间间隔 $\Delta t$ 越小时，$\bar{v}$ 越接近 $v(t_0)$，因此，质点在 $t_0$ 时刻的瞬时速度为

$$v(t_0) = \lim_{\Delta t \to 0} \bar{v} = \lim_{\Delta t \to 0} \frac{f(t_0 + \Delta t) - f(t_0)}{\Delta t}.$$

尽管上面两个问题的实际意义完全不同，但就数量关系而言，它们都需研究函数增量 $\Delta y = f(x_0 + \Delta x) - f(x_0)$ 与自变量增量 $\Delta x = x - x_0$ 比值的极限. 撇开自变量和因变量所代表的几何或物理意义，利用归

纳、抽象方法，便可得到函数导数的定义.

**定义 1** 设函数 $y=f(x)$ 在点 $x_0$ 的附近有定义，当自变量 $x$ 在点 $x_0$ 处取得增量 $\Delta x=x-x_0$（$\Delta x\neq 0$）时，函数 $f(x)$ 取得相应的增量

$$\Delta y=f(x)-f(x_0)=f(x_0+\Delta x)-f(x_0).$$

若极限

$$\lim_{\Delta x\to 0}\frac{\Delta y}{\Delta x}=\lim_{x\to x_0}\frac{f(x)-f(x_0)}{x-x_0}=\lim_{\Delta x\to 0}\frac{f(x+\Delta x)-f(x_0)}{\Delta x}$$

存在，则称函数 $f(x)$ 在点 $x_0$ 处可导，并称此极限值为函数 $f(x)$ 在点 $x_0$ 处的导数，记作 $f'(x_0)$，或 $y'|_{x=x_0}$，或 $\left.\frac{\mathrm{d}y}{\mathrm{d}x}\right|_{x=x_0}$，或 $\left.\frac{\mathrm{d}f}{\mathrm{d}x}\right|_{x=x_0}$.

**例 1** 求函数 $y=x^3$ 在点 $x=1$ 处的导数.



**解** 令 $\Delta x=x-x_0=x-1$，则函数相应的增量为

$$\Delta y=f(x_0+\Delta x)-f(x_0)=(1+\Delta x)^3-1=3\Delta x+3(\Delta x)^2+(\Delta x)^3$$

从而有

$$f'(x_0)=\lim_{x\to x_0}\frac{f(x_0+\Delta x)-f(x_0)}{x-x_0}=\lim_{\Delta x\to 0}\frac{3\Delta x+3(\Delta x)^2+(\Delta x)^3}{\Delta x}=3$$

即 $(x^3)'|_{x=1}=3$.

**例 2** 求函数 $y=\sin x$ 在点 $x=x_0$ 处的导数.

**解** 令 $\Delta x=x-x_0$，则

$$\Delta y = f(x_0+\Delta x)-f(x_0) = \sin(x_0+\Delta x)-\sin x_0$$
$$= 2\cos\left(x_0+\frac{\Delta x}{2}\right)\sin\frac{\Delta x}{2}$$

从而有

$$f'(x_0) = \lim_{x\to x_0}\frac{f(x_0+\Delta x)-f(x_0)}{x-x_0}$$
$$= \lim_{x\to x_0}\cos\left(x_0+\frac{\Delta x}{2}\right)\lim_{x\to x_0}\frac{\sin\frac{\Delta x}{2}}{\frac{\Delta x}{2}}$$
$$= \cos x_0.$$

即$\sin' x\big|_{x=x_0} = \cos x_0$.



从例 2 的解题过程可以看到，当点 $x_0$ 在正弦函数 $\sin x$ 的定义域（$-\infty$，$+\infty$）内变化时，$\sin x$ 的导数均存在，且等于 $\cos x_0$. 易知：$\sin x$ 在区间（$-\infty$，$+\infty$）内每一点 $x$ 处都可导，且其导数等于函数 $\cos x$ 的值. 一般来说，若函数 $f(x)$ 在开区间 $I$ 内每点都可导，则称函数 $f(x)$ 在 $I$ 内可导，此时该函数在区间内的每一点 $x$ 处的导数 $f'(x)$ 存在且唯一，它仍然是 $x$ 的函数，称这个函数为 $f(x)$ 的导函数，记作 $f'(x)$，或 $y'$，或$\frac{\mathrm{d}y}{\mathrm{d}x}$，或$\frac{\mathrm{d}f}{\mathrm{d}x}$，且有 $f'(x_0)=f'(x)\big|_{x=x_0}$，即函数 $f(x)$ 在点 $x_0$ 处的导数 $f'(x_0)$ 等于其导函数在点 $x_0$ 处的函数值.

利用导数的定义，可以得到基本初等函数的导数公式.

（1）$(C)'=0$（$C$ 为常数）；

（2）$(x^\alpha)'=\alpha x^{\alpha-1}$（$\alpha$ 为任意常数）；

（3）$(a^x)'=a^x\ln a$（$a>0$，$a\neq 1$）；

(4) $(e^x)' = e^x$;

(5) $(\log_a x)' = \frac{1}{x\ln a}$ $(a>0, a\neq 1)$;

(6) $(\ln x)' = \frac{1}{x}$;

(7) $(\sin x)' = \cos x$;

(8) $(\cos x)' = -\sin x$;

(9) $(\tan x)' = \sec^2 x$;

(10) $(\cot x)' = -\csc^2 x$;

(11) $(\sec x)' = \sec x\tan x$;

(12) $(\csc x)' = -\csc x\cot x$;

(13) $(\arcsin x)' = \frac{1}{\sqrt{1-x^2}}$;

(14) $(\arccos x)' = -\frac{1}{\sqrt{1-x^2}}$;

(15) $(\arctan x)' = \frac{1}{1+x^2}$;

(16) $(\text{arccot}\, x)' = -\frac{1}{1+x^2}$.



## 2.1.2 函数的左、右导数

由定义 1 可知，函数 $f(x)$ 在点 $x_0$ 处可导的本质是极限

$$\lim_{\Delta x\to 0}\frac{\Delta y}{\Delta x} = \lim_{\Delta x\to 0}\frac{f(x_0+\Delta x)-f(x_0)}{\Delta x}\text{存在.}$$

称左极限

$$\lim_{\Delta x \to 0^-} \frac{\Delta y}{\Delta x} = \lim_{\Delta x \to 0^-} \frac{f(x_0 + \Delta x) - f(x_0)}{\Delta x}$$

为函数$f(x)$在点$x_0$处的左导数，记为$f'_-(x_0)$.

称右极限

$$\lim_{\Delta x \to 0^+} \frac{\Delta y}{\Delta x} = \lim_{\Delta x \to 0^+} \frac{f(x_0 + \Delta x) - f(x_0)}{\Delta x}$$

为函数$f(x)$在点$x_0$处的右导数，记为$f'_+(x_0)$.

由左右极限定理可得下面定理：

**定理 1** 函数$f(x)$在点$x_0$处可导的充分必要条件是它在点$x_0$处的左、右导数存在且相等.

运用这一定理，可求分段函数的导数.



**例 3** 函数$f(x)=|x|$在$x=0$处可导吗?

**解** 利用定理 1，讨论函数$f(x)=|x|$在点$x_0$处的可导性.

$$f'_-(0) = \lim_{\Delta x \to 0^-} \frac{\Delta y}{\Delta x} = \lim_{\Delta x \to 0^-} \frac{|0+\Delta x| - |0|}{\Delta x} = \lim_{\Delta x \to 0} \frac{-\Delta x}{\Delta x} = -1,$$

$$f'_+(0) = \lim_{\Delta x \to 0^+} \frac{\Delta y}{\Delta x} = \lim_{\Delta x \to 0^+} \frac{|0+\Delta x| - |0|}{\Delta x} = \lim_{\Delta x \to 0} \frac{\Delta x}{\Delta x} = 1.$$

因为$f'_-(0) \neq f'_+(0)$，所以，函数$f(x)=|x|$在$x=0$处不可导.

应该注意的是，函数$f(x)=|x|$在$x=0$处连续，而它在点$x=0$处不可导，这说明连续的函数未必可导. 但是，若函数在点$x_0$处可导，则函数在点$x_0$处必定连续.

### 2.1.3 导数的几何意义

由曲线的切线问题可知，曲线 $y=f(x)$ 在点 $(x_0, y_0)$ 的切线斜率 $k$ 等于函数 $f(x)$ 在点 $x_0$ 处的导数 $f'(x_0)$，即 $k=f'(x_0)$，这就是导数的几何意义. 于是，可根据导数的几何意义，求出曲线 $y=f(x)$ 在某点 $(x_0, y_0)$ 的切线方程，其切线方程为

$$y-y_0=f'(x_0)(x-x_0).$$

称经过点 $(x_0, y_0)$ 且与曲线 $y=f(x)$ 在点 $(x_0, y_0)$ 处的切线垂直的直线为曲线 $y=f(x)$ 在点 $(x_0, y_0)$ 处的法线，于是法线方程为

$$y-y_0=-\frac{1}{f'(x_0)}(x-x_0).$$



**例 4** 求曲线 $y=\sqrt{x}$ 在 $x=1$ 处的切线方程与法线方程.

**解** 当 $x=1$ 时，$y=1$，即曲线 $y=\sqrt{x}$ 经过点 $(1, 1)$. 切线的斜率为

$$k=f'(1)=(x^{\frac{1}{2}})'\big|_{x=1}=\frac{1}{2}x^{-\frac{1}{2}}\bigg|_{x=1}=\frac{1}{2}.$$

所求切线方程为

$$y-1=\frac{1}{2}(x-1)，即\ x-2y+1=0.$$

所求法线方程为

$$y-1=-2(x-1),\text{即 }2x+y-3=0.$$

## 2.1.4 高阶导数

由于函数 $y=f(x)$ 在点 $x$ 处的导数 $f'(x)$ 仍然是 $x$ 的函数，这样可以继续研究导函数 $f'(x)$ 的可导性，于是便产生了高阶导数的概念.

**定义 2** 给定函数 $y=f(x)$，

(1) 称 $f''(x)=[f'(x)]'$ 为函数 $f(x)$ 在点 $x$ 处的二阶导数，记作 $y''$，有时也记作 $\frac{d^2y}{dx^2}$，或 $\frac{d^2f}{dx^2}$.

(2) 若函数 $f(x)$ 的 $(n-1)$ 阶导数 $f^{(n-1)}(x)$ 已定义，则称 $f^{(n)}(x)=[f^{(n-1)}(x)]'$ 为函数 $f(x)$ 的 $n$ 阶导数，记作 $y^{(n)}$，有时也记作 $\frac{d^{(n)}y}{dx^{(n)}}$，或 $\frac{d^{(n)}f}{dx^{(n)}}$.



函数的二阶及二阶以上的导数称为函数的高阶导数.

**例 5** 设 $f(x)=e^x$，求 $f^{(n)}(x)$.

**解** $f'(x)=e^x$，$f''(x)=[f'(x)]'=(e^x)'=e^x$，…，$f^{(n)}(x)=e^x$.

**例 6** 设 $y=\sin x$，求 $y^{(n)}$.

**解** $y'=(\sin x)'=\cos x=\sin(\frac{\pi}{2}+x)$，

$y''=(y')'=(\cos x)'=-\sin x=\sin(\pi+x)$，

$y'''=(y'')'=(-\sin x)'=-\cos x=\sin(\frac{3\pi}{2}+x)$，

$y^{(4)}=(y''')'=(-\cos x)'=\sin x=\sin(\frac{4\pi}{2}+x)$，

一般地，

$y^{(n)}=\sin(\frac{n\pi}{2}+x)$.

### 2.1.5 函数的微分

**定义3** 若函数 $y=f(x)$ 在点 $x_0$ 处有定义，令 $\Delta x=x-x_0$. 则称 $dy=f'(x_0)\Delta x$ 为函数 $y=f(x)$ 在点 $x_0$ 处的微分. 一般地，称 $dy=f'(x)\Delta x$ 为函数 $y=f(x)$ 的微分，记为

$$df(x)=f'(x)\Delta x.$$

**例7** 已知 $\Delta x=0.01$，求函数 $y=x^2$ 在点 $x_0=1$ 处的微分.

**解** 因为 $y'=(x^2)'=2x$，所以有 $y'|_{x_0=1}=2$，
从而，$dy=y'|_{x_0=1}\cdot\Delta x=2\times0.01=0.02$.

对于函数 $f(x)=x$，其微分为 $df(x)=f'(x)\Delta x=\Delta x$，所以有 $dx=\Delta x$，这样，函数 $y=f(x)$ 的微分又可写为

$$df(x)=f'(x)dx.$$



上式两端同除以 dx 得

$$\frac{df(x)}{dx}=f'(x).$$

上式还表明，函数的导数等于函数的微分与自变量的微分之商. 所以，导数又称为微商.

1823 年，法国数学家柯西在《无穷小分析教程概论》一书中首先用因变量与自变量差商之比的极限定义了导数，并使之成为微分学的核心概念. 然后，他通过把 dx 定义为任一有限量，而把 dy 定义为 $f'(x)dx$，从而把导数与微分概念统一起来. 这样，微分通过导数也就有了意义，但只是一个辅助概念. 他还指出，整个 18 世纪所用的

微分表达式的含义就是通过导数来表示的.

**例 8** 求下列函数的微分：

(1) $y=5^x$；(2) $y=\arctan x$；(3) $y=\cos x$.

**解** (1) $dy=f'(x)dx=(5^x)'dx=5^x\ln 5dx$；

(2) $dy=f'(x)dx=(\arctan x)'dx=\dfrac{1}{1+x^2}dx$；

(3) $dy=f'(x)dx=(\cos x)'dx=-\sin xdx$.

## 2.2 求导法则

尽管导数的定义给出了求函数导数的方法，但遇到一些结构复杂的函数时，利用导数定义求函数的导数将是一件麻烦的事. 因此，需要寻求有效的求导方法，建立求导法则.

微积分所研究的函数大多数是初等函数，然而初等函数是由基本初等函数经过有限多次的加、减、乘、除和复合运算产生的. 因此，研究求导问题必须建立基本初等函数的求导公式，建立函数的和、差、积、商以及复合函数的求导法则.



基本初等函数只有 6 类，它们的求导公式可以利用导数的定义得到，这在 2.1 中已讲过. 下面，重点研究函数的和、差、积、商以及复合函数的求导公式.

### 2.2.1 导数的四则运算法则

怎样建立函数的和、差、积、商的求导公式？函数的导数是函数增量与自变量增量的比值的极限. 既然函数的导数是一种特殊的极限，那么，就可以根据函数极限的运算法则，去猜测求导公式的表达形式，然后再加以证明，得到函数的求导公式.

例如，函数和的极限满足等式

$$\lim_{x\to x_0}[f(x)+g(x)]=\lim_{x\to x_0}f(x)+\lim_{x\to x_0}g(x),$$

那么，函数和的导数也应该满足

$$[f(x)+g(x)]'=f'(x)+g'(x).$$

这一猜测正确吗？先看一个具体的例子：

取 $f(x)=x^3, g(x)=x^2$，则有

$$f'(x)=3x^2,\ g'(x)=2x,$$

从而有

$$f'(x)+g'(x)=3x^2+2x.$$



另外，由导数的定义可以求得

$$[f(x)+g(x)]'=3x^2+2x,$$

因此有

$$[f(x)+g(x)]'=f'(x)+g'(x).$$

实例支持猜想，那就设法证明它.

又如，函数积的极限满足等式

$$\lim_{x\to x_0}[f(x)g(x)]=\lim_{x\to x_0}f(x)\cdot\lim_{x\to x_0}g(x),$$

那么，函数积的导数也应该满足

$$[f(x)g(x)]' = f'(x) \cdot g'(x).$$

这一猜测正确吗？

现举例验证 $[f(x)g(x)]' = (x^5)' = 5x^4$，

而

$$f'(x) \cdot g'(x) = 3x^2 \cdot 2x = 6x^3,$$

显然

$$[f(x)g(x)]' \neq f'(x)g'(x).$$



但是，注意到

$$\begin{aligned}[f(x)g(x)]' &= 5x^4 = 3x^4 + 2x^4 = (3x^2)x^2 + x^3(2x) \\ &= (x^3)'x^2 + x^3(x^2)' \\ &= f'(x)g(x) + f(x)g'(x).\end{aligned}$$

一般地，是否有 $[f(x)g(x)]' = f'(x)g(x) + f(x)g'(x)$？那就设法证明它.

事实上，利用导数的定义，可以证明下面定理.

**定理 2** 设函数 $f(x)$ 和 $g(x)$ 可导，则它们的和、差、积、商都可导，并且有：

(1) $[c_1f(x) + c_2g(x)]' = c_1f'(x) + c_2g'(x)$；

(2) $[f(x)g(x)]' = f'(x)g(x) + f(x)g'(x)$，

特别地，$[kf(x)]'=kf'(x)$（$k$ 为常数）；

（3）$\left[\dfrac{f(x)}{g(x)}\right]'=\dfrac{f'(x)g(x)-f(x)g'(x)}{g^2(x)}$ $[g(x)\neq 0]$，

特别地，$\left[\dfrac{1}{g(x)}\right]'=-\dfrac{g'(x)}{g^2(x)}$.

**例 9** 设 $y=2x^3-3x^2-8x+11$，求 $y'$.

**解** 
$$\begin{aligned}y'&=(2x^3-3x^2-8x+11)'=(2x^3)'-(3x^2)'-(8x)'+(11)'\\&=2(x^3)'-3(x^2)'-8(x)'+0=2\cdot 3x^2-3\cdot 2x-8\cdot 1\\&=6x^2-6x-8.\end{aligned}$$

**例 10** 设 $y=e^x(2\sin x-3\cos x)$，求 $y'$.

**解** 
$$\begin{aligned}y'&=[e^x(2\sin x-3\cos x)]'\\&=(e^x)'(2\sin x-3\cos x)+e^x(2\sin x-3\cos x)'\\&=e^x(2\sin x-3\cos x)+e^x[2(\sin x)'-3(\cos x)']\\&=e^x(2\sin x-3\cos x)+e^x(2\cos x+3\sin x)\\&=e^x(5\sin x-\cos x).\end{aligned}$$



**例 11** 设 $y=\tan x$，求 $y'$.

**解** 
$$\begin{aligned}y'&=(\tan x)'=\left(\frac{\sin x}{\cos x}\right)'=\frac{(\sin x)'\cos x-\sin x(\cos x)'}{\cos^2 x}\\&=\frac{\cos^2 x+\sin^2 x}{\cos^2 x}=\frac{1}{\cos^2 x}=\sec^2 x.\end{aligned}$$

## 2.2.2 复合函数的求导法则

先看一个例子．函数 $y=\sin 2x$ 可以看成是由 $y=\sin u$，$u=2x$ 复合而成的．现在问：$(\sin 2x)'=\cos 2x$ 是否成立？答案是否定的．事实上，

$$\begin{aligned}(\sin 2x)'&=(2\sin x\cos x)'=2(\sin x\cos x)'\\&=2[\cos x\cos x+\sin x(-\sin x)]\\&=2(\cos^2 x-\sin^2 x)=2\cos 2x.\end{aligned}$$

并且注意到

$$\frac{\mathrm{d}y}{\mathrm{d}x}=2\cos 2x=\cos u\cdot 2=\frac{\mathrm{d}y}{\mathrm{d}u}\cdot\frac{\mathrm{d}u}{\mathrm{d}x}.$$

由此猜测

$$\frac{\mathrm{d}y}{\mathrm{d}x}=\frac{\mathrm{d}y}{\mathrm{d}u}\cdot\frac{\mathrm{d}u}{\mathrm{d}x}.$$

不难证明这一猜测是正确的，于是有复合函数的求导法则.

**定理 3** 设

（1）函数 $u=\varphi(x)$ 在点 $x$ 处可导；

（2）函数 $y=f(u)$ 在点 $u$ 处可导.

则复合函数 $y=f[\varphi(x)]$ 在点 $x$ 处可导，且



$$\{f[\varphi(x)]\}'=f'(u)\big|_{u=\varphi(x)}\cdot\varphi'(x),$$

或写为

$$\frac{\mathrm{d}y}{\mathrm{d}x}=\frac{\mathrm{d}y}{\mathrm{d}u}\cdot\frac{\mathrm{d}u}{\mathrm{d}x}.$$

复合函数的求导法则又称为链锁法则，这一法则可叙述为：复合函数的导数，等于函数对中间变量的导数与中间变量对自变量的导数的积.

复合函数的求导法则可推广到多个中间变量的情形．例如，设 $y=f(u)$，$u=\varphi(v)$，$v=\psi(x)$ 均可导，则复合函数 $f\{\varphi[\psi(x)]\}$ 也可导，且

$$\frac{dy}{dx}=\frac{dy}{du}\cdot\frac{du}{dv}\cdot\frac{dv}{dx}.$$

**例 12** 设 $y=e^{x^3}$，求$\frac{dy}{dx}$.

**解** 函数 $y=e^{x^3}$ 由 $y=e^u$，$u=x^3$ 复合而成，所以

$$\frac{dy}{dx}=\frac{dy}{du}\cdot\frac{du}{dx}=e^u\cdot 3x^2=3x^2e^{x^3}.$$

求复合函数的导数时，先将复合函数分解成简单函数，再利用复合函数求导法则求导.

**例 13** 设 $y=\sqrt[3]{1-2x^2}$，求$\frac{dy}{dx}$.

**解** $\frac{dy}{dx}=[(1-2x^2)^{\frac{1}{3}}]'=\frac{1}{3}(1-2x^2)^{-\frac{2}{3}}(1-2x^2)'$

$=\frac{1}{3}(1-2x^2)^{-\frac{2}{3}}[1'-2(x^2)']$

$=\frac{1}{3}(1-2x^2)^{-\frac{2}{3}}(-4x)$

$=-\frac{4x}{3}(1-2x^2)^{-\frac{2}{3}}.$

**例 14** 设 $y=\ln\sin x$，求$\frac{dy}{dx}$.

**解** $\frac{dy}{dx}=(\ln\sin x)'=\frac{1}{\sin x}\cdot(\sin x)'=\frac{\cos x}{\sin x}=\cot x.$

**例 15** 设 $y=\cos x\cdot\ln\tan x-\frac{2}{x^2+1}+e^{\pi}$，求$\frac{dy}{dx}$.

**解** $\frac{dy}{dx}=\left(\cos x\cdot\ln\tan x-\frac{2}{x^2+1}+e^{\pi}\right)'$

$$= (\cos x \cdot \ln\tan x)' - \left(\frac{2}{x^2+1}\right)' + (e^{\pi})'$$

$$= (\cos x)' \cdot \ln\tan x + \cos x \cdot (\ln\tan x)' - 2 \cdot \frac{-(x^2+1)'}{(x^2+1)^2} + 0$$

$$= -\cos x \cdot \ln\tan x + \cos x \cdot \frac{1}{\tan x}(\tan x)' - 2 \cdot \frac{-2x}{(x^2+1)^2}$$

$$= -\cos x \cdot \ln\tan x + \cos x \cdot \frac{1}{\tan x}\sec^2 x + \frac{4x}{(x^2+1)^2}$$

$$= -\cos x \cdot \ln\tan x + \csc x + \frac{4x}{(x^2+1)^2}.$$

## 2.3 导数的应用

在这一节，利用函数的导数理论，研究函数的极限、函数的单调性与函数的极值等问题.



### 2.3.1 洛必达法则

“洛必达法则”是求不定型极限的有力武器，但发现这一结果的不是洛必达本人，而是约翰·贝努利在1694年取得的.

**定理4（“$\frac{0}{0}$”型不定型）** 若函数$f(x)$与$g(x)$满足条件:

（1）$\lim\limits_{x\to x_0}f(x)=0$, $\lim\limits_{x\to x_0}g(x)=0$；

（2）$f(x)$与$g(x)$在点$x_0$的附近（点$x_0$可除外）可导，且$g'(x)\neq 0$；

（3）$\lim\limits_{x\to x_0}\frac{f'(x)}{g'(x)}=A$（或$\infty$）.

则 $\lim\limits_{x\to x_0}\frac{f(x)}{g(x)}=\lim\limits_{x\to x_0}\frac{f'(x)}{g'(x)}=A$（或$\infty$）.

**定理 5**（“$\frac{\infty}{\infty}$”型不定型） 若函数$f(x)$与$g(x)$满足条件：

（1）$\lim\limits_{x\to x_0}f(x)=\infty$，$\lim\limits_{x\to x_0}g(x)=\infty$；

（2）$f(x)$与$g(x)$在点$x_0$的附近（点$x_0$可除外）可导，且$g'(x)\neq 0$；

（3）$\lim\limits_{x\to x_0}\frac{f'(x)}{g'(x)}=A$（或$\infty$）.

则$\lim\limits_{x\to x_0}\frac{f(x)}{g(x)}=\lim\limits_{x\to x_0}\frac{f'(x)}{g'(x)}=A$（或$\infty$）.

注意：可以证明当$x\to\infty$、$x\to\pm\infty$、$x\to x_0^+$、$x\to x_0^-$时，定理 4 和定理 5 的结论仍然成立.

**例 16** 求$\lim\limits_{x\to 0}\frac{e^x-1}{x}$.

**解** 因为$\lim\limits_{x\to 0}(e^x-1)=0$，$\lim\limits_{x\to 0}x=0$. 又$e^x$、$x$均在$x=0$的附近可导，所以有



$$\lim_{x\to 0}\frac{e^x-1}{x}=\lim_{x\to 0}\frac{(e^x-1)'}{x'}=\lim_{x\to 0}e^x=1.$$

**例 17** 求$\lim\limits_{x\to 0}\frac{x-\sin x}{x^3}$.

**解** 
$$\begin{aligned}\lim_{x\to 0}\frac{x-\sin x}{x^3}&=\lim_{x\to 0}\frac{(x-\sin x)'}{(x^3)'}\\&=\lim_{x\to 0}\frac{1-\cos x}{3x^2}\\&=\frac{1}{3}\lim_{x\to 0}\frac{(1-\cos x)'}{(x^2)'}\\&=\frac{1}{6}\lim_{x\to 0}\frac{\sin x}{x}=\frac{1}{6}.\end{aligned}$$

**例 18** 求 $\lim\limits_{x\to+\infty}\dfrac{\dfrac{\pi}{2}-\arctan x}{\dfrac{1}{x}}$.

**解** $\lim\limits_{x\to+\infty}\dfrac{\dfrac{\pi}{2}-\arctan x}{\dfrac{1}{x}}=\lim\limits_{x\to+\infty}\dfrac{-\dfrac{1}{1+x^2}}{-\dfrac{1}{x^2}}=\lim\limits_{x\to+\infty}\dfrac{x^2}{1+x^2}=1.$

**例 19** 求 $\lim\limits_{x\to+\infty}\dfrac{x^n}{e^x}$（$n$ 为正整数）.

**解** $\lim\limits_{x\to+\infty}\dfrac{x^n}{e^x}=\lim\limits_{x\to+\infty}\dfrac{nx^{n-1}}{e^x}=\lim\limits_{x\to+\infty}\dfrac{n(n-1)x^{n-2}}{e^x}=\cdots=\lim\limits_{x\to+\infty}\dfrac{n!}{e^x}=0.$

对于其他一些类型的未定式，如“$0\cdot\infty$”、“$\infty-\infty$”、“$0^0$”、“$1^\infty$”、“$\infty^0$”等，可通过变换，化为未定式“$\dfrac{0}{0}$”或“$\dfrac{\infty}{\infty}$”来计算.

**例 20** 求$\lim\limits_{x\to\frac{\pi}{2}}(\sec x-\tan x)$.（$\infty-\infty$）



**解** $\lim\limits_{x\to\frac{\pi}{2}}(\sec x-\tan x)=\lim\limits_{x\to\frac{\pi}{2}}\dfrac{1-\sin x}{\cos x}=\lim\limits_{x\to\frac{\pi}{2}}\dfrac{-\cos x}{-\sin x}=0.$

**例 21** 求$\lim\limits_{x\to0}x^x$（$x>0$）.（$0^0$）

**解** $\lim\limits_{x\to0}x^x=\lim\limits_{x\to0}e^{\ln x^x}=\lim\limits_{x\to0}e^{x\ln x}=e^{\lim\limits_{x\to0}x\ln x}$,

而 $\lim\limits_{x\to0}x\ln x=\lim\limits_{x\to0}\dfrac{\ln x}{\dfrac{1}{x}}=\lim\limits_{x\to0}\dfrac{\dfrac{1}{x}}{-\dfrac{1}{x^2}}=\lim\limits_{x\to0}(-x)=0.$

所以，$\lim\limits_{x\to0}x^x=e^{\lim\limits_{x\to0}x\ln x}=e^0=1.$

关于洛必达法则的几点注解：

（1）只要洛必达法则的条件得到满足，那么洛必达法则就可以反复运用.

（2）为更有效地求解极限问题，有时应将洛必达法则与其他求极限的方法结合起来使用.

（3）尽管洛必达法则是求极限问题的有效方法，但对某些极限问题也会失效．例如，极限$\lim\limits_{x\to\infty}\dfrac{x+\sin x}{x}$就不能用洛必达法则求解.

因为，若令$f(x)=x+\sin x$，$g(x)=x$，则

$\lim\limits_{x\to\infty}\dfrac{f'(x)}{g'(x)}=\lim\limits_{x\to\infty}(1+\cos x)$ 不存在，

这说明，定理5中的条件（3）不满足，故不能用洛必达法则求解．然而，

$$\lim_{x\to\infty}\frac{x+\sin x}{x}=\lim_{x\to\infty}\left(1+\frac{\sin x}{x}\right)=1+\lim_{x\to\infty}\left(\frac{1}{x}\cdot\sin x\right)=1.$$

## 2.3.2　函数的单调性



以下介绍利用函数的导数判别函数的单调性的方法.

**定义4**　设函数$y=f(x)$在区间$(a,b)$内有定义，

（1）若对区间$(a,b)$内的任意两个点$x_1$和$x_2$，当$x_1<x_2$时，有$f(x_1)<f(x_2)$，则称此函数在区间$(a,b)$内是单调增加的（或单调递增）；

（2）若对区间$(a,b)$内的任意两个点$x_1$和$x_2$，当$x_1<x_2$时，有$f(x_1)>f(x_2)$，则称此函数在区间$(a,b)$内是单调减少的（或单调递减）.

单调增加函数的图形是沿$x$轴正向逐渐上升的；单调减少函数的图形是沿$x$轴正向逐渐下降的．事实上，容易证明下面的定理：

**定理6**　设函数$y=f(x)$在区间$[a,b]$上连续，在区间$(a,b)$内可导，那么

(1) 如果当 $x\in(a,b)$ 时，恒有 $f'(x)>0$，则函数 $y=f(x)$ 在 $[a,b]$ 内单调增加；

(2) 如果当 $x\in(a,b)$ 时，恒有 $f'(x)<0$，则函数 $y=f(x)$ 在 $[a,b]$ 内单调减少.

**例 22** 证明函数 $f(x)=\dfrac{x}{1+x}$ $(x\geqslant 0)$ 是单调增加函数.

**证** 先求 $f'(x)=\left(\dfrac{x}{1+x}\right)'=\dfrac{1}{(1+x)^2}$,

显然，当 $x\geqslant 0$ 时，有 $f'(x)>0$. 由定理 6 可知，函数 $f(x)$ 在区间 $[0,+\infty)$ 内单调增加.

注意：如果在区间 $I$ 内有 $f'(x)\geqslant 0$（或 $f'(x)\leqslant 0$），且等号只在区间内的有限多个点处成立，则函数 $y=f(x)$ 在该区间 $I$ 内仍是单调增加（或单调减少）的.

**例 23** 讨论函数 $y=x^3$ 的单调性.

**解** 该函数的定义域为 $(-\infty,+\infty)$. 函数的导数为 $y'=3x^2$.



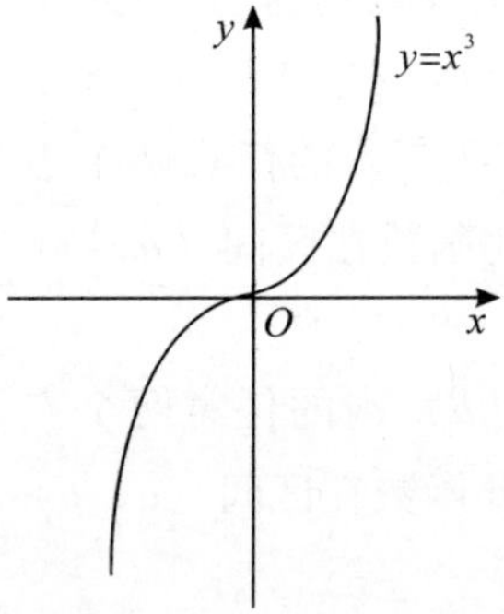


图 2-2

显然，除了点 $x=0$ 使 $y'=0$ 外，在其余各点均有 $y'>0$. 因此函

数 $y=x^3$ 在 $(-\infty, +\infty)$ 内是单调增加的.

**例 24** 确定函数 $y=f(x)=x^3-3x$ 的单调增减区间.

**解** 因为 $y'=f'(x)=3x^2-3=3(x+1)(x-1)$.

令 $f'(x)=3(x+1)(x-1)=0$，可得 $x_1=-1$，$x_2=1$. 列表讨论如下（见表 2－1）.

表 2－1

| $x$ | $(-\infty, -1)$ | $-1$ | $(-1, 1)$ | $1$ | $(1, +\infty)$ |
|---|---|---|---|---|---|
| $y'$ | + | 0 | − | 0 | + |
| $y$ | ↗ | | ↘ | | ↗ |

所以，当 $x\in(-\infty, -1)$ 时，有 $f'(x)>0$，从而函数 $y=f(x)$ 在 $(-\infty, -1]$ 内单调增加；

当 $x\in(-1, 1)$ 时，有 $f'(x)<0$，从而函数 $y=f(x)$ 在 $[-1, 1]$ 内单调减少；

当 $x\in(1, +\infty)$ 时，有 $f'(x)>0$，从而函数 $y=f(x)$ 在 $[1, +\infty)$ 内单调增加.

### 2.3.3 函数的极值

**定义 5** 设函数 $y=f(x)$ 在点 $x_0$ 的附近有定义.

(1) 如果对于点 $x_0$ 附近的任意 $x(x\neq x_0)$ 总有 $f(x)<f(x_0)$，则称 $f(x_0)$ 为函数 $f(x)$ 的极大值，并且称 $x_0$ 为函数 $f(x)$ 的极大值点；

(2) 如果对于点 $x_0$ 附近的任意 $x(x\neq x_0)$ 总有 $f(x)>f(x_0)$，则称 $f(x_0)$ 为函数 $f(x)$ 的极小值，并且称 $x_0$ 为函数 $f(x)$ 的极小值点.

函数的极大值与极小值统称为函数的极值，而极大值点与极小值点统称为极值点.

例如，函数 $f(x)=2x^3-9x^2+12x-3$，$x=1$ 为极大值点，

$f(1)=2$ 为极大值；$x=2$ 为极小值点，$f(2)=1$ 为极小值，如图2－3所示．

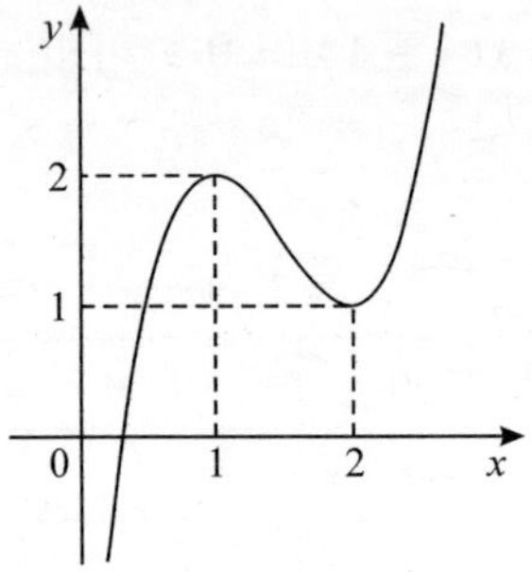


图 2－3

注意：(1) 函数的极值揭示了函数的局部性质，而函数的最值则揭示了函数的整体性质；



(2) 函数的极大（或极小）值有可能不唯一；

(3) 函数的极小值有可能大于它的极大值，如图 2－4 所示．

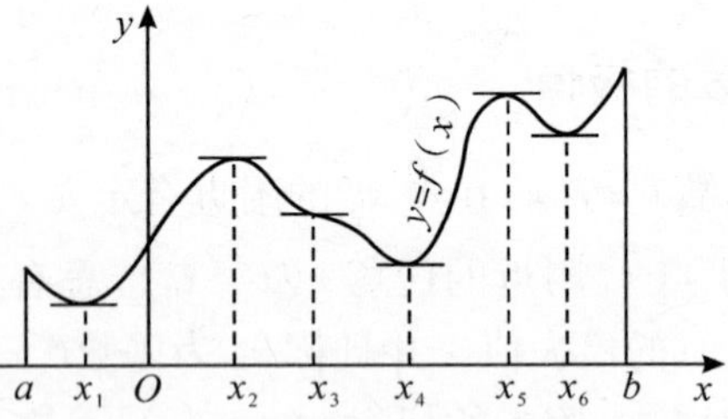


图 2－4

函数的极值，就是函数在极值点处的函数值．所以，求函数的极值等价于求函数的极值点．那么，函数的极值点具有怎样的性质呢？

**定理 7（极值存在的必要条件）** 如果 $f(x)$ 在点 $x_0$ 处取得极值且在 $x_0$ 处可导，则 $f'(x_0)=0$.

我们称使得函数导数为 0 的点为函数的驻点．定理 7 说明，当函数可导时，函数的极值点一定是它的驻点，也就是说，函数的极值点隐藏在它的驻点之中．因此，要求函数的极值，就必须从函数的驻点之中将其极值点筛选出来．什么样的驻点才是极值点？是极大值点还是极小值点？下面的充分条件给出了这些问题的答案．

**定理 8（极值存在的第一充分条件）** 设函数 $y=f(x)$ 在点 $x_0$ 附近可导，且 $f'(x)=0$.

（1）如果当 $x$ 取 $x_0$ 左侧邻近的值时，$f'(x)$ 恒为正；而当 $x$ 取 $x_0$ 右侧邻近的值时，$f'(x)$ 恒为负，那么函数 $f(x)$ 在 $x_0$ 处取得极大值；

（2）如果当 $x$ 取 $x_0$ 左侧邻近的值时，$f'(x)$ 恒为负；而当 $x$ 取 $x_0$ 右侧邻近的值时，$f'(x)$ 恒为正，那么函数 $f(x)$ 在 $x_0$ 处取得极小值；

（3）如果当 $x$ 在 $x_0$ 邻近取值时，$f'(x)$ 的符号不改变，那么函数 $f(x)$ 在 $x_0$ 处没有极值．



**例 25** 求函数 $y=f(x)=x^3-3x$ 的极值．

**解** 因为 $y'=f'(x)=3x^2-3=3(x+1)(x-1)$．

令 $f'(x)=3(x+1)(x-1)=0$，可得 $x_1=-1$，$x_2=1$. 列表讨论如下（见表 2－2）．

表 2－2

| $x$ | $(-\infty, -1)$ | $-1$ | $(-1, 1)$ | $1$ | $(1, +\infty)$ |
|---|---|---|---|---|---|
| $y'$ | + | 0 | − | 0 | + |
| $y$ | ↗ | 极大值 | ↘ | 极小值 | ↗ |

由定理 8 可知，函数的极大值 $f(-1)=2$，极小值 $f(1)=-2$.

**定理9（极值存在的第二充分条件）** 设函数$f(x)$在点$x_0$处具有二阶导数，且$f'(x_0)=0$.

（1）若$f''(x_0)<0$，则$f(x)$在点$x_0$处取得极大值；

（2）若$f''(x_0)>0$，则$f(x)$在点$x_0$处取得极小值；

（3）若$f''(x_0)=0$，则不能判断$f(x_0)$是否为极值.

**例26** 求函数$f(x)=x^3-3x^2-9x+1$的极值.

**解** （1）求导数.

$f'(x)=3x^2-6x-9=3(x+1)(x-3)$，$f''(x)=6x-6$.

（2）求驻点.

令$f'(x)=0$，求得驻点$x_1=-1$，$x_2=3$.

（3）判别.

当$x=-1$时，$f''(-1)=-12<0$，所以$x=-1$是极大值点，$f(-1)=6$是极大值；

当$x=3$时，$f''(3)=12>0$，所以$x=3$是极小值点，$f(3)=-26$是极小值.



下面研究函数的最大值与最小值问题.

由连续函数的性质，不难得到结论：若函数$f(x)$在闭区间$[a,b]$上连续，则其最值只能在极值点或端点处得到. 于是，求函数最值的一般步骤如下：

（1）求出$f(x)$在区间$(a,b)$内的所有驻点和导数不存在的点，并计算各点的函数值（不必判断这些点是否为极值点）.

（2）求出区间端点的函数值$f(a)$和$f(b)$.

（3）比较前面求出的所有函数值，其中最大的就是$f(x)$在区间$[a,b]$上的最大值，最小的就是$f(x)$在区间$[a,b]$上的最小值.

**例27** 问函数$y=2x^3-6x^2-18x-7$（$1\leqslant x\leqslant 4$）在何处取得最大值、最小值？并求出最大值、最小值.

**解** $y'=6x^2-12x-18=6(x-3)(x+1)$，令$y'=0$，求得函数的

驻点为 $x_1=-1$，$x_2=3$，因为 $-1\notin[1,4]$，所以不必考虑函数在 $x=-1$ 处的值．

求函数值：$f(1)=-29$，$f(3)=-61$，$f(4)=-47$．

所以，当 $x=1$ 时，取得最大值 $f(1)=-29$；当 $x=3$ 时，取得最小值 $f(3)=-61$．

**例 28** 设某厂每天生产某种产品 $q$ 单位的总成本函数为 $C(q)=0.5q^2+36q+9\ 800$，问每天生产多少单位时，其平均成本最低？

**解** 因为平均成本 $\bar{C}(q)=$ 总成本函数 ÷ 产品的总数

$$=\frac{C(q)}{q}=0.5q+36+\frac{9\ 800}{q},$$

该问题就变为求函数 $\bar{C}(q)$ 在 $q>0$ 时的最小值．

因为 $\bar{C}'(q)=0.5-\frac{9\ 800}{q^2}$，令 $\bar{C}'(q)=0$，得 $q=140$．

因为在 $q\in(0,+\infty)$ 的条件下，$\bar{C}(q)$ 只有唯一的驻点，且它一定存在最小值．所以当 $q=140$ 时，就可使平均成本最低．



**例 29** 已知某工厂生产某种产品，固定成本为 20 000 元，每生产一单位产品，成本增加 100 元．总收益 $R$ 是年产量 $Q$ 的函数

$$R=R(Q)=\begin{cases}400Q-\frac{1}{2}Q^2, & 0\leqslant Q\leqslant 400;\\ 80\ 000, & Q>400.\end{cases}$$

问每年生产多少产品时，总利润最大？此时总利润是多少？

**解** 依题意，总成本函数为

$$C=C(Q)=20\ 000+100Q,$$

从而利润函数为

$$L = L(Q) = R(Q) - C(Q)$$
$$= \begin{cases} 300Q - \frac{1}{2}Q^2 - 20\,000, 0 \leqslant Q \leqslant 400; \\ 60\,000 - 100Q, Q > 400. \end{cases}$$

$$L' = L'(Q) = R'(Q) - C'(Q) = \begin{cases} 300 - Q, 0 \leqslant Q \leqslant 400; \\ -100, Q > 400. \end{cases}$$

令 $L' = L'(Q) = 0$，得 $Q = 300$，$L''(300) = -1 < 0$，所以$Q = 300$时 $L$ 最大．此时 $L(300) = 25\,000$，即当年产量为300 单位时，总利润最大，且最大利润为 25 000 元．

## 本章小结



本章首先通过实例引出了函数导数的定义，然后利用导数的定义证明了一些基本初等函数的求导公式，并利用导数的概念给出了高阶导数、函数的微分等概念．通过对求导运算与求极限运算的比较分析，运用类比法，建立了求导公式，包括导数的线性公式、乘法公式、除法公式和复合函数的求导公式．利用导数的基本理论，建立了求不定型极限的洛必达法则，建立了函数取得极值的必要条件和充分条件．

基本初等函数的求导公式是求导问题的基础，所有函数的求导问题最终都归结为基本初等函数的求导问题，而且，基本初等函数的求导公式还是建立求积公式的基础．

导数的线性公式解决了有限多个函数线性组合的求导问题，导数的乘法公式解决了函数乘积的求导问题，导数的除法公式解决了函数商的求导问题，链锁法则解决了复合函数的求导问题．

函数微分的概念对进一步把握导数的本质，把握复合函数的求导法则、积分的换元法具有重要的作用．

本章的主要问题有：

（1）求给定函数的导数．

求解这一问题的关键是求导公式的选择和运用．对于具体问题，怎样选择求导公式呢？首先应对给定函数的代数结构进行分析，然后根据分析的结果选择相应的求导公式．重复这一过程，逐步转化，直到化为基本初等函数的导数为止．

（2）利用洛必达法则求极限．

利用洛必达法则求极限，应注意下面几点：

① 只要洛必达法则的条件得到满足，那么洛必达法则就可以反复运用．

② “$\frac{0}{0}$”、“$\frac{\infty}{\infty}$”是两个基本的不定型，而其他的不定型“$0\cdot\infty$”、“$\infty-\infty$”、“$0^0$”、“$1^\infty$”、“$\infty^0$”等，都要通过变换，化为“$\frac{0}{0}$”或“$\frac{\infty}{\infty}$”来计算．

③为更有效地求解极限问题，有时应将洛必达法则与其他求极限的方法结合起来使用．

（3）利用导数求函数的极值．

求解这一问题的一般步骤是：

①求函数的一阶导数（或二阶导数）；

②令 $f'(x)=0$，求函数的驻点；

③利用函数极值存在的充分条件，对函数的每一个驻点进行判断，并求出函数的极大值与极小值．

## 习题二

1. 将一个物体垂直上抛，设经过时间 $t$ 秒后，物体上升的高度 $s=10t-\frac{1}{2}gt^2$，求下列各值：

（1）物体在 1 秒到 $(1+\Delta t)$ 秒这段时间内的平均速度；

（2）物体在 1 秒时的瞬时速度；

（3）物体在 $t_0$ 秒到 $(t_0+\Delta t)$ 秒这段时间内的平均速度；

（4）物体在 $t_0$ 秒时的瞬时速度.

2. 设 $y=3x^2$，利用导数的定义求 $y'|_{x=-1}$.

3. 设 $y=ax+b$（$a$，$b$ 为常数），利用定义求 $y'$.

4. 讨论函数 $y=|\sin x|$ 在 $x=0$ 处的连续性与可导性.

5. 求下列曲线在指定点处的切线方程和法线方程：



（1）$y=\sin x$ 在 $(\frac{\pi}{3},\frac{\sqrt{3}}{2})$ 处；

（2）$y=\ln x$ 在 $(e,1)$ 处；

（3）$y=\cos x$ 在 $(\frac{\pi}{3},\frac{1}{2})$ 处.

6. 求下列函数的导数：

（1）$y=x^6+5x^3-3x+6$；（2）$y=x\tan x$；

（3）$y=\frac{\sin x}{x}$；（4）$y=2x\sin x-(x^2-2)\cos x$；

（5）$y=\ln x-3\log_4 x$；（6）$y=\frac{1-\ln x}{1+\ln x}$；

（7）$y=\frac{x^5+\sqrt{x}+1}{x^3}$；（8）$y=\frac{x-1}{x+1}$；

（9）$\rho=\sqrt{\varphi}\sin\varphi$；（10）$s=\frac{1+\sin t}{1+\cos t}$.

7. 求曲线 $y=x\ln x$ 在点（1，0）处的切线方程与法线方程.

8. 求下列函数在给定点的导数值：

（1）$y=\cos x\sin x$，求 $y'\big|_{x=\frac{\pi}{6}}$ 和 $y'\big|_{x=\frac{\pi}{4}}$；

（2）$\rho=\varphi\sin\varphi$，求 $\dfrac{\mathrm{d}\rho}{\mathrm{d}\varphi}\Big|_{\varphi=\frac{\pi}{4}}$；

（3）$f(t)=\dfrac{1-\sqrt{t}}{1+\sqrt{t}}$，求 $f'(4)$；

（4）$y=\dfrac{3}{5-x}+\dfrac{x^2}{5}$，求 $y'\big|_{x=0}$ 和 $y'\big|_{x=2}$.

9. 求下列函数的导数（其中 $a$，$b$，$n$，$A$，$\omega$，$\varphi$ 都是常数）：

（1）$y=(3x+2)^4$；

（2）$y=\sin(x^3)$；

（3）$y=\sin^2x$；

（4）$y=\cos\sqrt{x}$；

（5）$u=(v^2+2v+\sqrt{2})^{\frac{3}{2}}$；

（6）$y=\sqrt{\dfrac{1+t}{1-t}}$；

（7）$s=a\cos^2(2\omega t+\varphi)$；

（8）$y=\sqrt{1+\sin x}$；

（9）$y=\lg(1-2x)$；

（10）$y=\sqrt{1+\ln^2x}$；

（11）$y=(1+\sin^2x)^4$；

（12）$y=\sin\sqrt{1+x^2}$；

（13）$y=\sqrt{\cos x^2}$；

（14）$y=\ln[\ln(\ln x)]$；

（15）$y=\log_a(x^2+x+1)$；

（16）$y=\sqrt{1+\cos 7x}$；

（17）$y=\ln(x^3\sqrt{1+x^2})$；

（18）$s=\sin^n t\cos nt$；

（19）$y=\dfrac{1+\cos^2x}{\sin^2x}$；

（20）$y=\ln(x+\sqrt{1+x^2})$；

（21）$y=x\arcsin\dfrac{x}{2}$；

（22）$y=x\arccos x-\sqrt{1-x^2}$.

10. 求下列函数的二阶导数：

（1）$y=2x^2+\ln x$；

（2）$y=\mathrm{e}^{3x+1}$；

(3) $y=x\cos x$;　　(4) $y=\dfrac{1-x}{1+x}$;

(5) $y=(1+x^2)\arctan x$;　　(6) $y=\dfrac{1}{1+x^3}$;

(7) $y=\ln(1+x^2)$，求 $y''(0)$;

(8) $y=\tan x$，求 $y''(\dfrac{\pi}{4})$ .

11. 求下列函数的 $n$ 阶导数:

(1) $y=xe^x$;　　(2) $y=\cos x$;　　(3) $y=x\ln x$.

12. 验证函数 $y=C_1e^{\lambda x}+C_2e^{-\lambda x}$（$\lambda$，$C_1$，$C_2$ 为常数），满足关系式: $y''-\lambda^2y=0$.

13. 验证函数 $y=e^x\sin x$ 满足关系式: $y''-2y'+2y=0$.

14. 求下列函数的微分:

(1) $y=2x^2+\ln^2x$;　　(2) $y=x\sin 2x$;



(3) $y=x^2e^{2x}$;　　(4) $y=e^{-x}\cos(3-x)$;

(5) $y=\arcsin\sqrt{1-x^2}$;　　(6) $y=\tan^2(1+2x^2)$ .

15. 用洛必达法则求下列极限:

(1) $\lim\limits_{x\to 0}\dfrac{\ln(1+x)}{x}$;　　(2) $\lim\limits_{x\to 0}\dfrac{e^x-e^{-x}}{\sin x}$;

(3) $\lim\limits_{x\to a}\dfrac{\sin x-\sin a}{x-a}$;　　(4) $\lim\limits_{x\to \pi}\dfrac{\sin 3x}{\tan 5x}$;

(5) $\lim\limits_{x\to a}\dfrac{x^m-a^m}{x^n-a^n}$;　　(6) $\lim\limits_{x\to 0}\dfrac{1-\cos x}{x^2}$;

(7) $\lim\limits_{x\to 0^+}\dfrac{\ln x}{\ln\sin x}$;　　(8) $\lim\limits_{x\to 0}\dfrac{\ln^2(1+x)}{x^2}$;

(9) $\lim\limits_{x\to +\infty}\dfrac{\ln(1+\frac{1}{x})}{\operatorname{arccot} x}$;　　(10) $\lim\limits_{x\to 1}\dfrac{\ln x}{1-x}$;

(11) $\lim\limits_{x\to 0}x\cot 2x$；　　(12) $\lim\limits_{x\to 0}\left(\frac{1}{x}-\frac{1}{e^x-1}\right)$；

(13) $\lim\limits_{x\to 0^+}(\sin x)^x$；　　(14) $\lim\limits_{x\to 0^+}\left(\frac{1}{x}\right)^{\tan x}$.

16. 下列极限是否存在？能否用洛必达法则求出这些极限？

(1) $\lim\limits_{x\to\infty}\frac{x-\sin x}{x+\sin x}$；　　(2) $\lim\limits_{x\to+\infty}\frac{e^x+e^{-x}}{e^x-e^{-x}}$.

17. 求下列函数的极值：

(1) $f(x)=x^3-6x^2+9x$；

(2) $f(x)=x^3-3x$；

(3) $f(x)=\frac{1}{2}\cos 2x+\sin x$，$x\in[0, \pi]$.

18. 求下列函数在指定区间内的最大值与最小值：

(1) $f(x)=2x^3+3x^2-12x+14$，$x\in[-3, 4]$；

(2) $f(x)=x^3-3x+3$，$x\in[-2, 2]$；

(3) $f(x)=\sin^2 x$，$x\in\left[-\frac{\pi}{4}, 0\right]$；

(4) $f(x)=x+\sqrt{1-x}$，$x\in[-5, 1]$.

19. 欲做一个底为正方形，容积为 108 立方米的长方体开口容器，怎样做所用材料最省？

20. 生产某种商品 $x$ 单位的利润是

$$L(x)=3\ 000+x-0.000\ 01x^2\ (元),$$

问生产多少单位时获得的利润最大？

# 3　函数的积分

对自然界的深刻研究是数学最富饶的源泉.

——Joseph Fourier

## 3.1　函数的定积分

### 3.1.1　函数定积分的定义

**引例**　求曲边梯形的面积.



---

黎曼（Georg Friedrich Bernhard Riemann，1826—1866）

德国数学家、物理学家.1826 年 9 月 17 日生于德国，1866 年 7 月 20 日卒于意大利，终年 40 岁.1846 年入格丁根大学读神学，后转学数学.1851 年以关于复变函数与黎曼曲面的论文获博士学位，1856 年 6 月成为格丁根大学的讲师，后升为副教授，1859 年接替狄利克雷成为教授.

黎曼的著作不多，却异常深刻，极富于概念的创造，在 1853 年给出了黎曼积分的定义.但黎曼的创造当时未能得到数学界的一致公认，一方面由于他的思想过于深邃，当时人们难以理解；另一方面也因为他的工作不够严谨，如在论证黎曼映射定理和黎曼—罗赫定理时，滥用了狄利克雷原理，曾引起很大的争议.黎曼的工作直接影响了 19 世纪后半期的数学发展，在黎曼思想的影响下，数学的许多分支取得了辉煌成就.

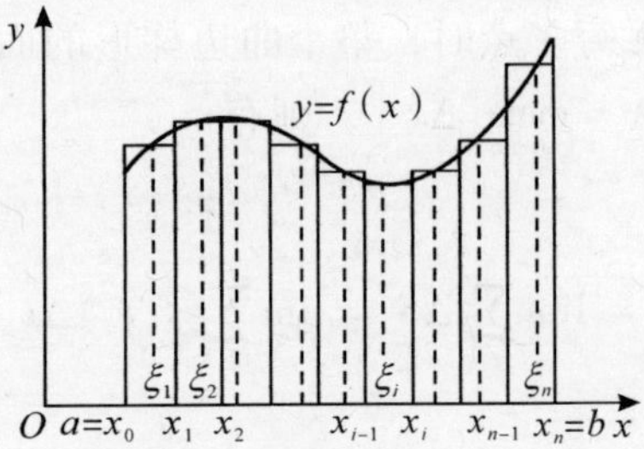


图 3－1

曲边梯形是由连续曲线 $y=f(x)\,[f(x)\geqslant 0]$，$x$ 轴以及两直线 $x=a$ 和 $x=b$ 所围成的平面图形．求其面积 $S$.

在 $[a,\ b]$ 中任意插入若干个分点

$$a=x_0<x_1<x_2<\cdots<x_{n-1}<x_n=b.$$

用直线 $x=x_i$ 将曲边梯形分成 $n$ 个小曲边梯形．

现计算第 $i$ 个小曲边梯形的面积．

任取 $\xi_i\in[x_{i-1},\ x_i]$，作以 $[x_{i-1},\ x_i]$ 为底，$f(\xi_i)$ 为高的小矩形，并以此小矩形的面积近似代替相应曲边梯形的面积 $\Delta S$，则

$$\Delta S\approx f(\xi_i)\Delta x_i,$$

其中，$\Delta x_i=x_i-x_{i-1}$，$i=1,\ 2,\ \cdots,\ n$.

整个曲边梯形的面积近似地等于 $n$ 个小矩形的面积和，即

$$S\approx\Delta S=\sum_{i=1}^{n}f(\xi_i)\Delta x_i,$$

当分点趋向于无穷多点时，整个曲边梯形的面积等于所有小矩形面积和的极限，令 $\lambda=\max\limits_{1\leqslant i\leqslant n}\{\Delta x_i\}$，则有

$$S=\lim_{\lambda\to 0}\sum_{i=1}^{n}\Delta S=\lim_{\lambda\to 0}\sum_{i=1}^{n}f(\xi_i)\Delta x_i .$$

通常，和 $\sum\limits_{i=1}^{n}f(\xi_i)\Delta x_i$ 被称为黎曼和，极限 $\lim\limits_{\lambda\to 0}\sum\limits_{i=1}^{n}f(\xi_i)\Delta x_i$ 被称为函数 $f(x)$ 在区间 $[a, b]$ 上的定积分.

**定义 1** 设 $f(x)$ 在 $[a, b]$ 上有界. 在 $[a, b]$ 中任意插入若干个分点

$$a=x_0<x_1<x_2<\cdots<x_{n-1}<x_n=b,$$

把区间 $[a, b]$ 分割成 $n$ 个小区间



$$[x_0, x_1], [x_1, x_2], \cdots, [x_{n-1}, x_n],$$

各小区间的长度依次为

$$\Delta x_1=x_1-x_0,\ \Delta x_2=x_2-x_1,\ \cdots,\ \Delta x_n=x_n-x_{n-1}.$$

在每个小区间 $[x_{i-1}, x_i]$ 上任取一点 $\xi_i\ (x_{i-1}\leqslant\xi_i\leqslant x_i)$，作函数值 $f(\xi_i)$ 与小区间长度 $\Delta x_i$ 的乘积 $f(\xi_i)\Delta x_i\ (i=1, 2, \cdots, n)$，并作和式

$$S_n=\sum_{i=1}^{n}f(\xi_i)\Delta x_i.$$

记 $\lambda=\max\{\Delta x_1, \Delta x_2, \cdots, \Delta x_n\}$，如果不论对 $[a, b]$ 怎样分法，也不论在小区间 $[x_{i-1}, x_i]$ 上点 $\xi_i$ 怎样取法，只要当 $\lambda\to 0$ 时，和 $S_n$ 总趋于确定的极限值 $A$，此时，称这个极限值 $A$ 为函数 $f(x)$ 在区间 $[a, b]$ 上的定积分，也称 $f(x)$ 在区间 $[a, b]$ 上可积，记为

$$\int_a^b f(x)\,\mathrm{d}x=A=\lim_{\lambda\to 0}\sum_{i=1}^{n} f(\xi_i)\Delta x_i,$$

其中，$f(x)$ 叫做被积函数，$f(x)\,\mathrm{d}x$ 叫做被积表达式，$x$ 叫做积分变量，$[a, b]$ 叫做积分区间.

**例 1** 求直线 $y=x$，$y=0$ 和 $x=1$ 所围成的平面图形的面积.

**解** 把区间 $[a, b]$ $n$ 等分，其分点为

$$a=x_0=0,\ x_1=\frac{1}{n},\ x_2=\frac{2}{n},\ \cdots,\ x_k=\frac{k}{n},\ \cdots,\ x_n=1=b.$$



每个小区间的长度 $\Delta x_k=\dfrac{1}{n}$，$k=1, 2, \cdots, n$. 取 $\xi_k=x_k$，$k=1, 2, \cdots, n$. 则

$$S_n=\sum_{i=1}^{n} f(\xi_k)\Delta x_k=\sum_{i=1}^{n}\frac{k}{n}\cdot\frac{1}{n}=\frac{1}{n^2}\sum_{i=1}^{n}k=\frac{n+1}{2n}.$$

于是，所求平面图形的面积为

$$S=\lim_{n\to\infty}S_n=\lim_{n\to\infty}\frac{n+1}{2n}=\lim_{x\to+\infty}\frac{x+1}{2x}=\frac{1}{2}.$$

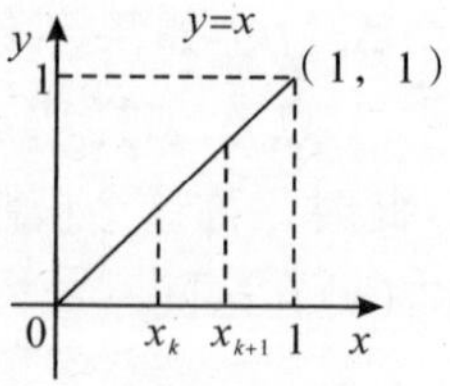


图 3-2

注解：（1）当 $f(x)>0$ 时，定积分 $\int_a^b f(x)\mathrm{d}x$ 表示曲边梯形：$0\leqslant y\leqslant f(x)$，$a\leqslant x\leqslant b$ 的面积.

（2）在定积分的定义中，规定：

$$\int_b^a f(x)\mathrm{d}x=-\int_a^b f(x)\mathrm{d}x,\ \int_a^a f(x)\mathrm{d}x=0.$$

（3）函数 $f(x)$ 在区间 $[a,b]$ 上的定积分是黎曼和的极限，一旦该极限存在，它就是一个常量，它只与被积函数 $f(x)$ 和积分区间 $[a,b]$ 有关，而与积分变量所使用的字母无关，即

$$\int_a^b f(x)\mathrm{d}x=\int_a^b f(t)\mathrm{d}t.$$



### 3.1.2 定积分的基本性质

通过曲边梯形的面积计算，不难发现定积分有如下性质：

**性质 1** $\int_a^b f(x)\mathrm{d}x=\int_a^c f(x)\mathrm{d}x+\int_c^b f(x)\mathrm{d}x$（$c$ 为常数）.

这一性质被称为定积分的有限可加性.

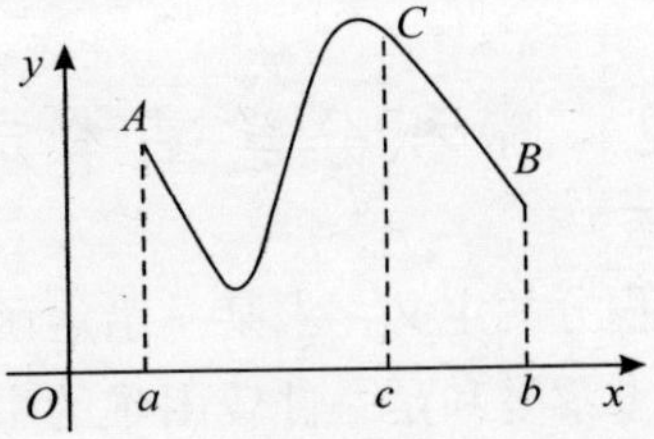


图 3-3

假定 $f(x) \geqslant 0$，当 $a < c < b$（见图 3-3）时，显然，曲边梯形 $aABb$ 的面积等于曲边梯形 $aACc$ 的面积与曲边梯形 $cCBb$ 的面积之和.

可以证明当 $c \notin [a, b]$ 时，性质 1 也是成立的.

**性质 2**　$\int_a^b k\mathrm{d}x = k(b-a)$.

$\int_a^b k\mathrm{d}x$ 表示以直线 $y=k$，$x$ 轴以及两直线 $x=a$ 和 $x=b$ 所围成的图形的面积，就是矩形 $ABba$ 的面积（见图 3-4），则



$$S_{ABba} = 1 \cdot (b-a) = b-a.$$

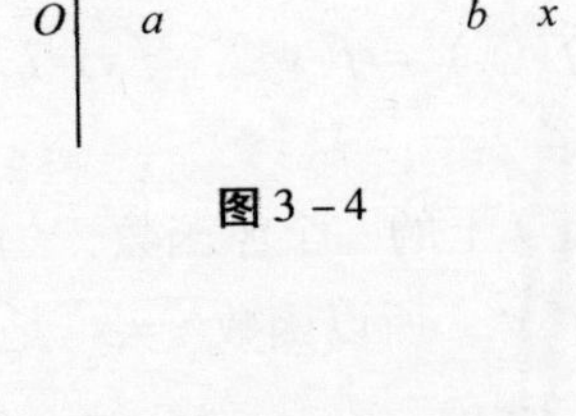


图 3-4

## 3.2 微积分学基本定理

尽管可以运用定积分的定义，求某一给定函数的定积分，但这一方法并不可取，因为求黎曼和是一件较困难的事情．这就需要我们寻找求函数定积分的有效方法．

由定积分的定义可知，当函数 $f(x)$ 在区间 $[a, b]$ 上可积时，其积分值不仅与被积函数 $f(x)$ 有关，而且与积分上限 $b$ 和下限 $a$ 有关．现研究函数的定积分与积分限之间的关系．

假设积分下限 $a$ 与被积函数 $f(x)$ 不变，而积分上限 $x$ 在区间 $[a, b]$ 内变化．那么，定积分

$$\Phi(x)=\int_a^x f(t)\,\mathrm{d}t,\ x\in[a, b]$$



是 $x$ 的函数，这一函数 $\Phi(x)$ 被称为变动积分上限的函数．

容易证明：若函数 $f(x)$ 在区间 $[a, b]$ 上连续，则

$$\Phi'(x)=f(x)\ .$$

一般地，若定义在区间 $I$ 上的函数 $F(x)$ 与 $f(x)$ 满足

$$f'(x)=f(x),\quad \forall x\in I, \tag{3.1}$$

则称 $F(x)$ 为 $f(x)$ 在区间 $I$ 上的一个原函数．

例如，因为 $(x^3)'=3x^2$，所以函数 $y=x^3$ 是函数 $y=3x^2$ 的原函数；又如，$(x^3+\sqrt{2})'=3x^2$，所以 $y=x^3+\sqrt{2}$ 也是函数 $y=3x^2$ 的原函数．由

此可知，函数 $y=3x^2$ 的原函数并不唯一．

不难证明，一个函数的原函数具有下列性质：

（1）若 $F(x)$ 是 $f(x)$ 的原函数，则 $F(x)+C(C\in\mathbf{R})$ 也是 $f(x)$ 的原函数；

（2）$f(x)$ 的任意两个原函数只相差一个常数．

当 $f(x)$ 在区间［$a$，$b$］上连续时，变动积分上限的函数是被积函数 $f(x)$ 的一个原函数，而且有

$$\Phi(a)=\int_a^a f(x)\,\mathrm{d}x=0,\ \Phi(b)=\int_a^b f(x)\,\mathrm{d}x.$$

因此，

$$\int_a^b f(x)\,\mathrm{d}x=\Phi(b)-\Phi(a).$$



这样，便得到微积分学基本定理．

**定理 1**　若函数 $F(x)$ 是连续函数 $f(x)$ 在区间［$a$，$b$］上的一个原函数，则

$$\int_a^b f(x)\,\mathrm{d}x=F(x)\Big|_a^b=F(b)-F(a). \tag{3.2}$$

该公式称为牛顿—莱布尼茨公式．

当函数 $f(x)$ 连续时，定积分 $\int_a^b f(x)\,\mathrm{d}x$ 一定存在．由牛顿—莱布尼茨公式可知，求解定积分问题的关键在于求被积函数 $f(x)$ 的原函数．

求定积分 $\int_a^b f(x)\,\mathrm{d}x$ 的步骤为：

（1）求被积函数的某个原函数 $F(x)$；

（2）计算 $F(x)$ 在［$a$，$b$］上的增量 $F(b)-F(a)$，得定积分值．

**例 2** 求由曲线 $y=x^2$ 与直线 $x=0$，$x=2$，$y=0$ 所围成的曲边梯形的面积.

**解** 由定积分的几何意义可知，曲边梯形的面积为

$$S=\int_0^2 x^2\,\mathrm{d}x.$$

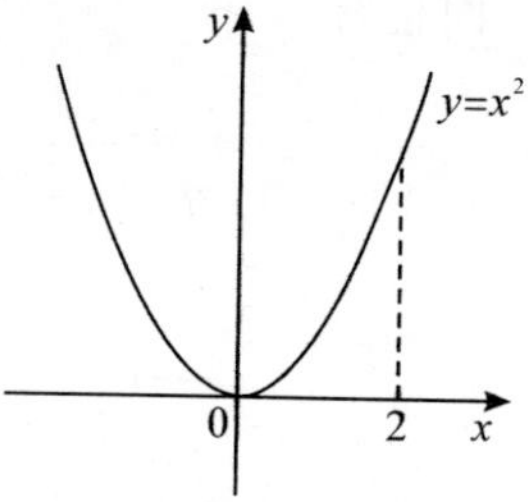


图 3-5



先求被积函数 $x^2$ 的原函数. 由原函数的定义可知，$\frac{1}{3}x^3$ 是 $x^2$ 的一个原函数.

由牛顿—莱布尼茨公式，得

$$A=\int_0^2 x^2\,\mathrm{d}x=\frac{1}{3}x^3\Big|_0^2=\frac{8}{3}.$$

## 3.3 函数的不定积分

### 3.3.1 基本初等函数的不定积分

**定义 2** 称函数 $f(x)$ 的原函数全体为 $f(x)$ 的不定积分，记作

$$\int f(x)\,\mathrm{d}x\ ,$$

其中，符号“$\int$”称为积分号；$f(x)$为被积函数；$x$为积分变量；$f(x)\mathrm{d}x$为被积表达式.

若$F(x)$为$f(x)$在区间$I$上的一个原函数，即$f'(x)=f(x)$，则

$$\int f(x)\,\mathrm{d}x=F(x)+C.$$

怎样求函数的不定积分呢？事实上，求函数的不定积分问题是求导问题的反问题，这样，可根据求导运算的性质得到求不定积分运算的性质.

例如，对于幂函数$y=x^{\alpha}$，$\alpha\neq-1$有求导公式$(x^{\alpha})'=\alpha x^{\alpha-1}$，于是有



$$(x^{\alpha+1})'=(\alpha+1)x^{\alpha}.$$

由于$\alpha+1\neq0$，上式两端可同时除以$\alpha+1$，并利用导数的性质得

$$\left(\frac{1}{\alpha+1}x^{\alpha+1}\right)'=x^{\alpha},$$

由函数不定积分的定义，得到幂函数的不定积分公式

$$\int x^{\alpha}\,\mathrm{d}x=\frac{1}{\alpha+1}x^{\alpha+1}+C,\ \alpha\neq-1.$$

现将基本初等函数的不定积分公式罗列如下，称之为基本积

分表.

(1) $\int k\mathrm{d}x = kx + C$ ($k$ 为常数);

(2) $\int x^{\alpha}\mathrm{d}x = \frac{1}{\alpha+1}x^{\alpha+1} + C$ ($\alpha \neq -1$);

(3) $\int \frac{1}{x}\mathrm{d}x = \ln|x| + C$;

(4) $\int a^{x}\mathrm{d}x = \frac{a^{x}}{\ln a} + C$ ($a>0$, $a\neq 1$);

(5) $\int \mathrm{e}^{x}\mathrm{d}x = \mathrm{e}^{x} + C$;

(6) $\int \sin x\mathrm{d}x = -\cos x + C$;

(7) $\int \cos x\mathrm{d}x = \sin x + C$;

(8) $\int \sec^{2}x\mathrm{d}x = \tan x + C$;

(9) $\int \csc^{2}x\mathrm{d}x = -\cot x + C$;



(10) $\int \frac{1}{\sqrt{1-x^{2}}}\mathrm{d}x = \arcsin x + C$;

(11) $\int \frac{1}{1+x^{2}}\mathrm{d}x = \arctan x + C$.

**例 3** 求 $\int \frac{\mathrm{d}x}{x^{5}}$.

**解** $\int \frac{\mathrm{d}x}{x^{5}} = \int x^{-5}\mathrm{d}x = \frac{x^{-5+1}}{-5+1} + C = -\frac{1}{4x^{4}} + C.$

一般而言，函数的求导公式可分为两类：一类是基本初等函数的求导公式；另一类是运算公式，包括求导的线性公式、乘法公式、除法公式以及复合函数的求导公式. 在上面的讨论中，已经给出了基本初等函数的不定积分公式，余下的任务就是要建立函数不定积分的线性公式、乘法公式和复合函数的不定积分公式. 下面将对这些问题分别加以研究.

## 3.3.2 不定积分的线性公式

函数的导数具有以下线性公式：

$$[c_1f(x)+c_2g(x)]'=c_1f'(x)+c_2g'(x),$$

那么，根据类比法，可以得到如下猜想：

$$\int[c_1f(x)+c_2g(x)]\,\mathrm{d}x=c_1\int f(x)\mathrm{d}x+c_2\int g(x)\mathrm{d}x.$$

这一猜想正确吗？取$f(x)=3x^2$，$g(x)=2x$，则

$$\int 3x^2\mathrm{d}x=x^3+C,\ \int 2x\mathrm{d}x=x^2+C,$$



因为$(x^3+x^2)'=3x^2+2x$，由不定积分的定义可知

$$\begin{aligned}\int[f(x)+g(x)]\,\mathrm{d}x&=\int(3x^2+2x)\,\mathrm{d}x=x^3+x^2+C\\&=\int 3x^2\,\mathrm{d}x+\int 2x\mathrm{d}x\\&=\int f(x)\mathrm{d}x+\int g(x)\mathrm{d}x.\end{aligned}$$

实例支持了猜想，那就设法证明它．不难证明，这一猜想是正确的，于是得到下面的定理：

**定理 2** 设函数$f(x)$、$g(x)$的不定积分存在，$c_1$、$c_2$是任意两个常数，则

$$\int[c_1f(x)+c_2g(x)]\,\mathrm{d}x=c_1\int f(x)\mathrm{d}x+c_2\int g(x)\mathrm{d}x. \tag{3.3}$$

**推论** 设函数$f(x)$、$g(x)$的不定积分存在，$c$是任意常数，则

(1) $\int[f(x)\pm g(x)]\mathrm{d}x=\int f(x)\mathrm{d}x\pm\int g(x)\mathrm{d}x$；

(2) $\int cf(x)\mathrm{d}x=c\int f(x)\mathrm{d}x$，

这表明，被积函数中不为零的常数因子可以提到积分号外面来.

**例 4** 求$\int\sqrt{x}\,(x^3-3)\mathrm{d}x$.

**解** $$\int\sqrt{x}\,(x^3-3)\mathrm{d}x=\int(x^{\frac{7}{2}}-3x^{\frac{1}{2}})\mathrm{d}x=\int x^{\frac{7}{2}}\mathrm{d}x-\int 3x^{\frac{1}{2}}\mathrm{d}x$$
$$=\int x^{\frac{7}{2}}\mathrm{d}x-3\int x^{\frac{1}{2}}\mathrm{d}x=\frac{2}{9}x^{\frac{9}{2}}-2x^{\frac{3}{2}}+C.$$

注意：检查不定积分的结果是否正确，只要把结果求导，验证它的导数是否等于被积函数，相等就是正确的，否则结果是错误的．如就例 4 的结果来看，由于

$$\left(\frac{2}{9}x^{\frac{9}{2}}-2x^{\frac{3}{2}}+C\right)'=x^{\frac{7}{2}}-3x^{\frac{1}{2}}=\sqrt{x}(x^3-3),$$



所以结果是正确的.

**例 5** 求$\int\frac{(x-1)^3}{x^3}\mathrm{d}x$.

**解** $$\int\frac{(x-1)^3}{x^3}\mathrm{d}x=\int\frac{x^3-3x^2+3x-1}{x^3}\mathrm{d}x=\int\left(1-\frac{3}{x}+\frac{3}{x^2}-\frac{1}{x^3}\right)\mathrm{d}x$$
$$=\int\mathrm{d}x-3\int\frac{\mathrm{d}x}{x}+3\int\frac{\mathrm{d}x}{x^2}-\int\frac{\mathrm{d}x}{x^3}$$
$$=x-3\ln|x|-\frac{3}{x}+\frac{1}{2x^2}+C.$$

**例 6** 求$\int(\mathrm{e}^x-5\cos x)\mathrm{d}x$.

**解** $$\int(\mathrm{e}^x-5\cos x)\mathrm{d}x=\int\mathrm{e}^x\mathrm{d}x-5\int\cos x\mathrm{d}x=\mathrm{e}^x-5\sin x+C.$$

**例 7** 求$\int \frac{1+x+x^2}{x(1+x^2)}\mathrm{d}x$.

**解** $\int \frac{1+x+x^2}{x(1+x^2)}\mathrm{d}x = \int \frac{x+(1+x^2)}{x(1+x^2)}\mathrm{d}x = \int \left(\frac{1}{1+x^2}+\frac{1}{x}\right)\mathrm{d}x$

$= \int \frac{1}{1+x^2}\mathrm{d}x + \int \frac{1}{x}\mathrm{d}x = \arctan x + \ln|x| + C.$

**例 8** 求$\int \sin^2 \frac{x}{2}\mathrm{d}x$.

**解** $\int \sin^2 \frac{x}{2}\mathrm{d}x = \int \frac{1}{2}(1-\cos x)\mathrm{d}x = \frac{1}{2}\int (1-\cos x)\mathrm{d}x$

$= \frac{1}{2}\left(\int \mathrm{d}x - \int \cos x \mathrm{d}x\right)$

$= \frac{1}{2}(x - \sin x) + C.$

### 3.3.3 不定积分的分部积分公式



设函数$f(x)$、$g(x)$可导，则两个函数乘积的导数公式为

$$[f(x)g(x)]' = f'(x)g(x) + f(x)g'(x),$$

由不定积分的定义有

$$\int [f'(x)g(x) + f(x)g'(x)]\mathrm{d}x = f(x)g(x) + C,$$

由定理 2 得

$$\int f'(x)g(x)\mathrm{d}x + \int f(x)g'(x)\mathrm{d}x = f(x)g(x) + C,$$

移项，得

$$\int f'(x)g(x)\mathrm{d}x = f(x)g(x) - \int f(x)g'(x)\mathrm{d}x. \tag{3.4}$$

这个公式称为分部积分公式．它被用于求解两个函数乘积的不定积分．

**例 9**　求$\int x\cos x\mathrm{d}x$.

**解**　因为$(\sin x)' = \cos x$，于是设$f(x) = \sin x$，$g(x) = x$，由分部积分公式得

$$\begin{aligned}\int x\cos x\mathrm{d}x &= \int x(\sin x)'\,\mathrm{d}x = x\sin x - \int x'\sin x\mathrm{d}x \\ &= x\sin x + \cos x + C.\end{aligned}$$



注意：在求这个积分时，如果取$f(x) = \frac{x^2}{2}$，$g(x) = \sin x$，那么

$$\int x\cos x\mathrm{d}x = \int \cos x\left(\frac{x^2}{2}\right)'\mathrm{d}x = \frac{x^2}{2}\cos x - \int \frac{x^2}{2}\sin x\mathrm{d}x.$$

从计算的复杂性来讲，上式右端不定积分的计算比原不定积分的计算更难．由此可见，如何正确地选择函数$f(x)$、$g(x)$是运用分部积分公式求解不定积分的关键．

如何选取$f(x)$、$g(x)$呢？一般要考虑下面两点：

（1）$f(x)$容易求出；

（2）不定积分$\int f(x)g'(x)\mathrm{d}x$要比不定积分$\int f'(x)g(x)\mathrm{d}x$更容易求出．

例 10　求$\int xe^x\mathrm{d}x$.

解　$\int xe^x\mathrm{d}x=\int x(e^x)'\mathrm{d}x=xe^x-\int e^x\mathrm{d}x=xe^x-e^x+C$.

例 11　求$\int e^x\cos x\mathrm{d}x$.

解　因为
$$\begin{aligned}\int e^x\cos x\mathrm{d}x&=\int\cos x(e^x)'\mathrm{d}x=e^x\cos x-\int e^x(-\sin x)\mathrm{d}x\\&=e^x\cos x+\int e^x\sin x\mathrm{d}x=e^x\cos x+\int\sin x(e^x)'\mathrm{d}x\\&=e^x\cos x+e^x\sin x-\int e^x\cos x\mathrm{d}x\end{aligned}$$

所以，$\int e^x\cos x\mathrm{d}x=\frac{1}{2}e^x(\cos x+\sin x)+C$.

例 12　求$\int\ln x\mathrm{d}x$.

解　$\int\ln x\mathrm{d}x=\int(x)'\ln x\mathrm{d}x=x\ln x-\int\mathrm{d}x=x\ln x-x+C$.

### 3.3.4　不定积分的换元公式

设 $F(x)$、$\varphi(x)$均可导，那么，由复合函数的求导公式有



$$\{F[\varphi(x)]\}'=f'[\varphi(x)]\ \varphi'(x),$$

若假设 $F(x)$是$f(x)$的一个原函数，即$f'(x)=f(x)$，由上式得

$$\{F[\varphi(x)]\}'=f\ [\varphi(x)]\ \varphi'(x),$$

由不定积分的定义有

$$\int f[\varphi(x)]\ \varphi'(x)\mathrm{d}x=F[\varphi(x)]+C.$$

另外，若令 $t=\varphi(x)$，则

$$\int f(t)\mathrm{d}t = F(t) + C = F[\varphi(x)] + C.$$

因此有下面的换元公式.

**定理 3**　设 $t=\varphi(x)$ 可导，$f(t)$ 具有原函数 $F(t)$，则$F[\varphi(x)]$是 $f[\varphi(x)]\varphi'(x)$ 的原函数，即

$$\int f[\varphi(x)]\varphi'(x)\mathrm{d}x \overset{t=\varphi(x)}{=} \int f(t)\mathrm{d}t. \tag{3.5}$$

由于 $\mathrm{d}\varphi(x)=\varphi'(x)\mathrm{d}x$，所以（3.5）式可写为

$$\int f[\varphi(x)]\mathrm{d}\varphi(x) \overset{t=\varphi(x)}{=} \int f(t)\mathrm{d}t.$$

**例 13**　求$\int \cos 2x\mathrm{d}x$.



**解**　令 $t=2x$，则 $x=\frac{t}{2}$，$\mathrm{d}x=\frac{\mathrm{d}t}{2}$.

$$\int \cos 2x\mathrm{d}x = \int \cos t\cdot\frac{1}{2}\mathrm{d}t = \frac{1}{2}\int \cos t\mathrm{d}t = \frac{1}{2}\sin t + C = \frac{1}{2}\sin 2x + C.$$

**例 14**　求 $\int \frac{1}{1+x}\mathrm{d}x$.

**解**　令 $t=1+x$，则 $x=t-1$，$\mathrm{d}x=\mathrm{d}t$.

$$\int \frac{1}{1+x}\mathrm{d}x = \int \frac{1}{t}\mathrm{d}t = \ln|t| + C = \ln|1+x| + C.$$

**例 15** 求$\int x\sqrt{1-x^2}\,dx$.

**解** 令 $t=1-x^2$，则 $dt=-2xdx$，$dx=-\frac{1}{2x}dt$.

$$\begin{aligned}\int x\sqrt{1-x^2}\,dx &= \int\left(-\frac{1}{2}\right)\sqrt{t}dt=-\frac{1}{2}\int\sqrt{t}dt\\ &= -\frac{1}{2}\cdot\frac{2}{3}t^{\frac{3}{2}}+C\\ &= -\frac{1}{3}(1-x^2)^{\frac{3}{2}}+C.\end{aligned}$$

**例 16** 求$\int\sin^3 xdx$.

**解** $\int\sin^3 xdx=\int\sin^2 x\sin xdx=\int(1-\cos^2 x)\sin xdx$.

令 $t=\cos x$，则 $dt=-\sin xdx$，$dx=-\frac{dt}{\sin x}$.



$$\begin{aligned}\int\sin^3 xdx &= -\int(1-t^2)dt=-\int dt+\int t^2\,dt=-t+\frac{1}{3}t^3+C\\ &= -\cos x+\frac{1}{3}\cos^3 x+C.\end{aligned}$$

**例 17** 求$\int\sqrt{1-x^2}\,dx$.

**解** 令 $x=\sin t$，$t\in\left[-\frac{\pi}{2},\frac{\pi}{2}\right]$，则 $\sqrt{1-x^2}=\cos t$，$dx=\cos tdt$.

$$\begin{aligned}\int\sqrt{1-x^2}\,dx &= \int\cos t\cos tdt=\int\cos^2 tdt=\int\frac{1}{2}(1+\cos 2t)dt\\ &= \frac{1}{2}\int dt+\frac{1}{2}\int\cos 2tdt=\frac{t}{2}+\frac{1}{4}\sin 2t+C\end{aligned}$$

$$=\frac{1}{2}(t+\sin t\cos t)+C$$

$$=\frac{1}{2}\arcsin x+\frac{1}{2}x\sqrt{1-x^2}+C.$$

**例 18** 求$\int\arctan x\mathrm{d}x$.

**解** $\int\arctan x\mathrm{d}x=\int(x)'\arctan x\mathrm{d}x=x\arctan x-\int\frac{x}{1+x^2}\mathrm{d}x$

$$\int\frac{x}{1+x^2}\mathrm{d}x=\frac{1}{2}\int\frac{2x}{1+x^2}\mathrm{d}x=\frac{1}{2}\int\frac{1}{1+x^2}\mathrm{d}x^2$$

$$=\frac{1}{2}\int\frac{1}{1+x^2}\mathrm{d}(1+x^2)$$

$$\overset{1+x^2=t}{=}\frac{1}{2}\int\frac{1}{t}\mathrm{d}t$$

$$=\frac{1}{2}\ln|t|+C$$

$$=\frac{1}{2}\ln(1+x^2)+C$$



所以，$\int\arctan x\mathrm{d}x=x\arctan x-\frac{1}{2}\ln(1+x^2)+C$

值得注意的是，不定积分并没有除法公式，但有两个乘法公式，一个是分部积分公式，另一个是换元公式．两个函数商的积分问题可以转化成两个函数乘积的积分问题来求解，或利用定积分的线性公式求解．在计算两个函数乘积的不定积分时，究竟选用哪一个公式呢？从分部积分公式与换元公式的结构来看，如果乘积中含有复合函数，那么选用换元公式，否则，选用分部积分公式．从例 12 和例 18 可看出，利用分部积分公式和换元公式，还可以求某些特殊函数的不定积分．

## 3.4 定积分的计算

**例 19** 求$\int_0^1 \sqrt{1-x^2}\mathrm{d}x$.

**解** 由例 17 可知

$$\int \sqrt{1-x^2}\,\mathrm{d}x = \frac{1}{2}\arcsin x + \frac{1}{2}x\sqrt{1-x^2} + C,$$

由牛顿—莱布尼茨公式得

$$\int_0^1 \sqrt{1-x^2}\mathrm{d}x = \left(\frac{1}{2}\arcsin x + \frac{1}{2}x\sqrt{1-x^2}\right)\Bigg|_0^1 = \frac{\pi}{4}.$$

计算一个函数的定积分可分两步完成：先求函数的不定积分，后运用牛顿—莱布尼茨公式求值. 为了简化定积分的计算，利用不定积分公式和微积分学基本定理，可以得到定积分的求积公式.



**定理 4** 若$f(x)$、$g(x)$在区间 $[a, b]$ 上可积，则

$$\int_a^b [c_1 f(x) + c_2 g(x)]\mathrm{d}x = c_1\int_a^b f(x)\mathrm{d}x + c_2\int_a^b g(x)\mathrm{d}x. \quad (3.6)$$

**定理 5** 若$f(x)$、$g(x)$在区间 $[a, b]$ 上有连续导数，则

$$\int_a^b f'(x)g(x)\mathrm{d}x = f(x)g(x)\big|_a^b - \int_a^b f(x)g'(x)\mathrm{d}x. \quad (3.7)$$

**例 20** 设

$$f(x)=\begin{cases}xe^x+3x^2, & x>0;\\ 2x+1, & x\leqslant 0.\end{cases}$$

求$\int_0^1 f(x)\mathrm{d}x$，$\int_{-1}^1 f(x)\mathrm{d}x$.

**解** 当$x\in[0,\ 1]$时，$f(x)=xe^x+3x^2$，所以

$$\begin{aligned}\int_0^1(xe^x+3x^2)\mathrm{d}x&=\int_0^1 xe^x\mathrm{d}x+3\int_0^1 x^2\mathrm{d}x=\int_0^1 x(e^x)'\mathrm{d}x+x^3\Big|_0^1\\&=xe^x\Big|_0^1-\int_0^1 e^x x'\mathrm{d}x+1=xe^x\Big|_0^1-e^x\Big|_0^1+1=2.\end{aligned}$$

当$x\in[-1,\ 1]$时，由定积分对积分区间的可加性可知



$$\begin{aligned}\int_{-1}^1 f(x)\mathrm{d}x&=\int_0^1 f(x)\mathrm{d}x+\int_{-1}^0 f(x)\mathrm{d}x\\&=\int_0^1(xe^x+3x^2)\mathrm{d}x+\int_{-1}^0(2x+1)\mathrm{d}x\\&=2+\int_{-1}^0(2x+1)\mathrm{d}x=2+(x^2+x)\Big|_{-1}^0=2.\end{aligned}$$

**例 21** 求$\int_0^\pi x^2\cos x\mathrm{d}x$.

**解** $$\begin{aligned}\int_0^\pi x^2\cos x\mathrm{d}x&=\int_0^\pi x^2(\sin x)'\mathrm{d}x=x^2\sin x\Big|_0^\pi-\int_0^\pi(x^2)'\sin x\mathrm{d}x\\&=-2\int_0^\pi x\sin x\mathrm{d}x=2\int_0^\pi x(\cos x)'\mathrm{d}x\\&=2x\cos x\Big|_0^\pi-2\int_0^\pi x'\cos x\mathrm{d}x=-2\pi-2\int_0^\pi\cos x\mathrm{d}x\\&=-2\pi-2\sin x\Big|_0^\pi=-2\pi.\end{aligned}$$

**定理 6** 设函数$f(x)$在区间$[a,\ b]$上连续，函数$x=\varphi(t)$满足条件:

（1）当 $t$ 从 $\alpha$ 变到 $\beta$ 时，$\varphi(t)$ 从 $\varphi(\alpha)=a$ 单调地变到 $\varphi(\beta)=b$；

（2）$\varphi(t)$ 在 $[\alpha,\ \beta]$ 上有连续导数.

则有

$$\int_{\alpha}^{\beta} f\ [\varphi(t)]\varphi'(t)\,\mathrm{d}t=\int_{a}^{b} f(x)\,\mathrm{d}x. \tag{3.8}$$

（3.8）式称为定积分的换元公式.

**例 22** 求 $\int_{\frac{\pi}{3}}^{\pi}\sin(x+\frac{\pi}{3})\,\mathrm{d}x$.

**解** 令 $t=x+\frac{\pi}{3}$，则 $\mathrm{d}x=\mathrm{d}t$，当 $x=\frac{\pi}{3}$ 时，$t=\frac{2\pi}{3}$；当 $x=\pi$ 时，$t=\frac{4\pi}{3}$. 所以

$$\int_{\frac{\pi}{3}}^{\pi}\sin(x+\frac{\pi}{3})\,\mathrm{d}x=\int_{\frac{2\pi}{3}}^{\frac{4\pi}{3}}\sin t\,\mathrm{d}t=-\cos t\Big|_{\frac{2\pi}{3}}^{\frac{4\pi}{3}}=\cos\frac{2\pi}{3}-\cos\frac{4\pi}{3}=0.$$



**例 23** 求 $\int_{-2}^{-1}(7+4x)^3\,\mathrm{d}x$.

**解** 令 $t=4x+7$，则 $\mathrm{d}x=\frac{1}{4}\mathrm{d}t$，当 $x=-2$ 时，$t=1$；当 $x=-1$ 时，$t=3$. 所以

$$\int_{-2}^{-1}(7+4x)^3\,\mathrm{d}x=\int_{1}^{3}t^3\cdot\frac{1}{4}\mathrm{d}t=\frac{1}{4}\int_{1}^{3}t^3\,\mathrm{d}t=\frac{1}{16}x^4\Big|_{1}^{3}=5.$$

**例 24** 求 $\int_{0}^{1}x\mathrm{e}^{-\frac{x^2}{2}}\mathrm{d}x$ .

**解** 令 $t=-\frac{x^2}{2}$，则 $x\mathrm{d}x=-\mathrm{d}t$，当 $x=0$ 时，$t=0$；当 $x=1$ 时，

$t=-\frac{1}{2}$. 所以

$$\int_0^1 x\mathrm{e}^{-\frac{x^2}{2}}\mathrm{d}x=-\int_0^{-\frac{1}{2}}\mathrm{e}^t\,\mathrm{d}t=-\mathrm{e}^t\Big|_0^{-\frac{1}{2}}=1-\frac{1}{\sqrt{\mathrm{e}}}.$$

**例 25**　求$\int_1^4\frac{1}{1+\sqrt{x}}\mathrm{d}x$.

**解**　令 $t=\sqrt{x}$，则 $\mathrm{d}x=2t\mathrm{d}t$，当 $x=1$ 时，$t=1$；当 $x=4$ 时，$t=2$. 所以

$$\begin{aligned}\int_1^4\frac{1}{1+\sqrt{x}}\mathrm{d}x&=\int_1^2\frac{2t}{1+t}\,\mathrm{d}t=2\int_1^2\frac{t}{1+t}\mathrm{d}t=2\int_1^2\frac{(t+1)-1}{1+t}\mathrm{d}t\\&=2\int_1^2\left(1-\frac{1}{1+t}\right)\mathrm{d}t=2\left(\int_1^2 1\,\mathrm{d}t-\int_1^2\frac{1}{1+t}\mathrm{d}t\right)\\&=2-2\int_1^2\frac{1}{1+t}\mathrm{d}(t+1)=2-2\ln(1+t)\Big|_1^2\\&=2\left(1-\ln\frac{3}{2}\right).\end{aligned}$$

1666 年 10 月，牛顿完成了他在微积分学方面的开创性论文《流数短论》. 在这篇文章中，牛顿不仅讨论了如何借助反微分来解决积分问题，即微积分基本定理，而且明确指出反微分“总能做出可以解决的一切问题”. 牛顿完全是从考虑变化率出发来解决面积和体积问题的. 而莱布尼茨的积分是曲线下面积的分割求和，或者说是微分的无穷和，也就是今天所说的定积分. 当然，他们二人最终都是通过反微分的方法来计算他们的积分的；在计算上利用求积问题和切线问题之间的互逆关系（牛顿—莱布尼茨公式）是他们共同的基本贡献.

# 3.5 定积分的应用

由定积分的几何意义可知：

（1）当$f(x)\geqslant 0$时，由连续曲线$y=f(x)$与$x$轴及两条直线$x=a$，$x=b$（$a<b$）所围成的曲边梯形（见图3-6）的面积为

$$A=\int_a^b f(x)\mathrm{d}x.$$

（2）一般情况下，曲边梯形的面积为

$$A=\int_a^b |f(x)|\mathrm{d}x.$$

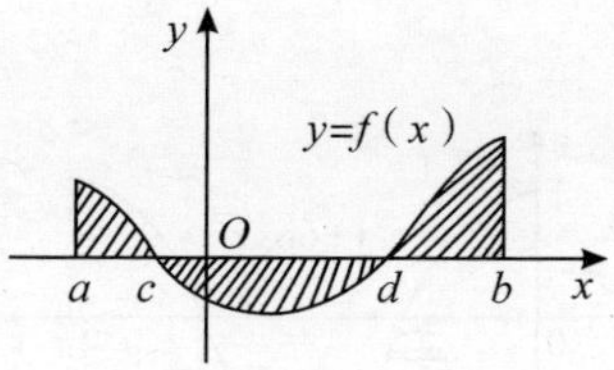


图3-6

（3）由两条连续曲线$y=f(x)$，$y=g(x)$及两条直线$x=a$，$x=b$（$a<b$）所围成的平面图形（见图3-7）的面积为

$$A=\int_a^b [f(x)-g(x)]\mathrm{d}x.$$

其中$f(x)\geqslant g(x)$.

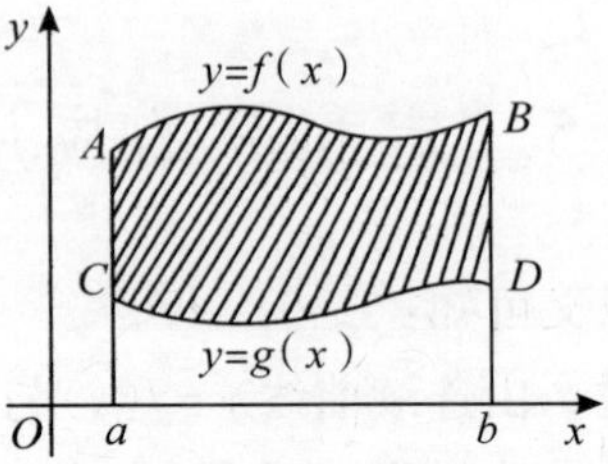


图 3－7

**例 26** 求由余弦曲线 $y=\cos x$ 与直线 $x=0$，$x=\frac{\pi}{2}$ 及 $x$ 轴所围成的平面图形的面积.

**解** 先作草图（见图 3－8），再求面积

$$A=\int_0^{\frac{\pi}{2}}\cos x\mathrm{d}x=\sin x\Big|_0^{\frac{\pi}{2}}=1.$$



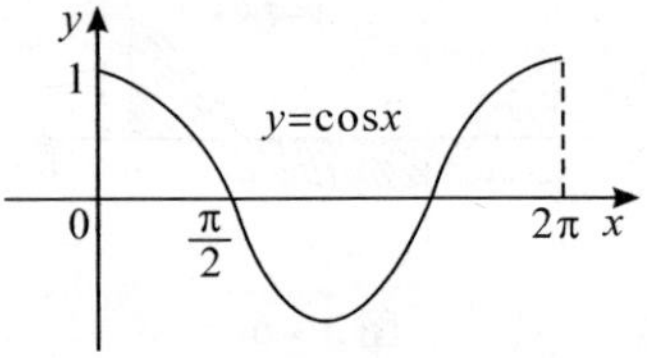


图 3－8

**例 27** 求由曲线 $y=x^3$，$y=8$ 与 $y$ 轴所围成的平面图形的面积.

**解** 先作草图（见图 3－9），再求交点.

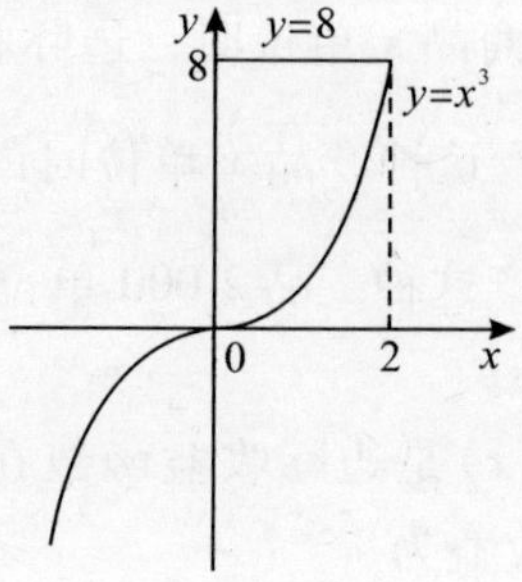


图 3-9

解方程组$\begin{cases} y = x^3, \\ y = 8, \end{cases}$交点为$A(2,\ 8)$，

则所求面积为

$$\begin{aligned} A &= \int_0^2 (8 - x^3)\,\mathrm{d}x \\ &= \int_0^2 8\,\mathrm{d}x - \int_0^2 x^3\,\mathrm{d}x \\ &= \left(8x - \frac{1}{4}x^4\right)\Big|_0^2 = 16 - \frac{1}{4} \times 2^4 = 12. \end{aligned}$$



**例 28**　设某种商品每天生产 $x$ 单位时固定成本为 20 元，边际成本函数为 $C'(x) = 0.4x + 2$（元/单位），求总成本函数 $C(x)$ .

**解**　因为变上限的定积分是被积函数的一个原函数，因此，可变成本就是边际成本函数在 $[0,\ x]$ 上的定积分 . 又已知固定成本为 20 元，即 $C(0) = 20$，所以每天生产 $x$ 单位时总成本函数为

$$\begin{aligned} C(x) &= \int_0^x (0.4t + 2)\,\mathrm{d}t + C(0) = (0.2t^2 + 2t)\Big|_0^x + 20 \\ &= 0.2x^2 + 2x + 20. \end{aligned}$$

**例 29**　已知生产某商品 $x$ 单位时，边际收益函数 $R'(x)=200-\frac{50}{x}$（元/单位），试求生产这种产品 $x$ 单位时的总收益 $R(x)$ 以及平均单位收益 $\bar{R}(x)$，并求生产这种产品 2 000 单位时的总收益和平均单位收益．

**解**　因为总收益 $R(x)$ 是边际收益函数在 $[0, x]$ 上的定积分，所以生产 $x$ 单位时的总收益为

$$R(x)=\int_0^x\left(200-\frac{t}{50}\right)\mathrm{d}t=\left(200t-\frac{t^2}{100}\right)\Big|_0^x=200x-\frac{x^2}{100},$$

而平均单位收益

$$\bar{R}(x)=\frac{R(x)}{x}=200-\frac{x}{100}.$$



当生产 2 000 单位时，总收益

$$R(2\,000)=200\times 2\,000-\frac{2\,000^2}{100}=360\,000\text{（元）},$$

平均单位收益

$$\bar{R}(2\,000)=200-\frac{2\,000}{100}=180\text{（元）}.$$

定积分的应用非常广泛，本节仅介绍了定积分在求平面图形的面积以及经济问题等方面的应用．

## 本章小结

本章首先通过实例引出了函数定积分的概念，并举例验证了定积分定义的有效性．基于对定积分概念的分析，给出了一个函数的原函数定义和不定积分的定义，得到了微积分学基本定理，即牛顿—莱布尼茨公式．通过对求导运算与不定积分运算的比较分析，得到了基本初等函数的积分公式，运用类比法，建立了求不定积分运算的公式，包括不定积分的线性公式、分部积分公式和换元公式，并利用微积分学基本定理和不定积分的运算公式，给出了求函数定积分的运算公式，包括定积分的线性公式、分部积分公式和换元公式．

基本积分公式是求解积分问题的基础，所有函数积分的计算最终都归结为基本初等函数积分的计算．

积分的线性公式是解决有限多个函数线性组合的积分的有效方法．



积分的分部积分法与换元法是求两个函数的乘积、商、复合函数的积分的有效方法．如求多项式函数与三角函数或指数函数的乘积的积分，可以考虑采用分部积分法；而求复合函数的积分则可以采用积分的换元法．

本章的核心问题是：给定在区间 $[a, b]$ 上可积的函数 $f(x)$，求定积分 $\int_a^b f(x)\,dx$.

求解这一问题的方法有两种：一种是先求出被积函数的原函数，然后运用牛顿—莱布尼茨公式求解；另一种是直接运用定积分的求积公式将积分化为基本初等函数的定积分后，再运用牛顿—莱布尼茨公式求解．

求解积分问题的关键是求积公式的选择和运用．对于具体问题，怎样选择求积公式呢？首先应对给定的被积函数的代数结构进行分析，然后根据分析的结果选择相应的求积公式．重复这一过程，逐步转化，直到化为基本初等函数的积分并求出积分值为止．

例如，求积分$\int_0^1(x^2+x\sin x)\mathrm{d}x$.

由于构成被积函数$x^2+x\sin x$的最后一个运算是加法运算，因而，首先选择积分的线性公式将积分$\int_0^1(x^2+x\sin x)\mathrm{d}x$分解为积分$\int_0^1 x^2\mathrm{d}x$与$\int_0^1 x\sin x\mathrm{d}x$的和．前一个积分$\int_0^1 x^2\mathrm{d}x$的被积函数是初等函数，因而可直接运用积分表和牛顿—莱布尼茨公式求解；而后一个积分$\int_0^1 x\sin x\mathrm{d}x$的被积函数是$x$与$\sin x$的积，故选择求乘积的定积分公式：分部积分公式或换元公式．由于函数$x$与$\sin x$都不是复合函数，因此，选择分部积分公式计算积分$\int_0^1 x\sin x\mathrm{d}x$. 这样，积分$\int_0^1(x^2+x\sin x)\mathrm{d}x$的计算问题就可得到圆满解决．



又如，设$f(x)=\begin{cases}x^3, & x>0;\\ xe^{x^2}, & x\leqslant 0.\end{cases}$ 求$\int_0^1 f(x)\ \mathrm{d}x$，$\int_{-1}^1 f(x)\mathrm{d}x$.

这是关于分段函数的积分问题，求解这类问题的关键是确定分段函数的分支．对于积分$\int_0^1 f(x)\mathrm{d}x$，积分变量$x$在积分区间［0，1］内变化，而积分区间［0，1］不含有分段函数的分段点，由分段函数的定义可知，当$x\in[0,1]$时，$f(x)=x^3$，故$\int_0^1 f(x)\mathrm{d}x=\int_0^1 x^3\mathrm{d}x$，这是一个基本初等函数的积分问题．而对于积分$\int_{-1}^1 f(x)\mathrm{d}x$，积分变量$x$在积分区间［－1，1］内变化，积分区间［－1，1］显然含有分段函数的分段点$x=0$，这时，不能确定分段函数的分支．怎么办呢？利用积分对积分区间的可加性求解，即将积分$\int_{-1}^1 f(x)\mathrm{d}x$分解为积分$\int_0^1 f(x)\mathrm{d}x$与积分$\int_{-1}^0 f(x)\mathrm{d}x$之和，前一个积分$\int_0^1 f(x)\mathrm{d}x$已经求出，对后一个积分$\int_{-1}^0 f(x)\mathrm{d}x$，由分段函数的定义有$\int_{-1}^0 f(x)\mathrm{d}x=\int_{-1}^0 xe^{x^2}\mathrm{d}x$，这个积分的被积函数是 $x$ 与 $e^{x^2}$ 的积，且函数 $e^{x^2}$ 是复合函数，因此，选择换元公式计算积分 $\int_{-1}^{0} xe^{x^2}dx$. 这样，就可圆满地解决积分问题 $\int_{-1}^{1} f(x)dx$.

## 习题三

1. 计算下列不定积分：

(1) $\int\frac{dx}{x^2}$；　(2) $\int x^2\sqrt{x}\,dx$；

(3) $\int\frac{dx}{x^2\sqrt[3]{x}}$；　(4) $\int\sqrt{x}(x^2-5)dx$；

(5) $\int\sin5x dx$；　(6) $\int\frac{2}{5+3x}dx$；

(7) $\int\frac{x^2}{1+x^2}dx$；　(8) $\int\cos^2\frac{x}{2}dx$；

(9) $\int\frac{1}{x^2}e^{\frac{1}{x}}dx$；　(10) $\int\frac{\sin\sqrt{t}}{\sqrt{t}}dt$；

(11) $\int\frac{\sqrt{x-1}}{x}dx$；　(12) $\int\frac{1}{(1+\sqrt[3]{x})\sqrt{x}}dx$；

(13) $\int x\sin x dx$；　(14) $\int x^2\ln x dx$；

(15) $\int x\arctan x dx$；　(16) $\int e^x\sin x dx$.

2. 计算下列定积分：

(1) $\int_0^1 x^3dx$；　(2) $\int_0^a(3x^2-x+1)dx$；

(3) $\int_1^2(x^2+\frac{1}{x^4})dx$；　(4) $\int_4^9\sqrt{x}(1+\sqrt{x})dx$；

(5) $\int_{\frac{\sqrt{3}}{3}}^{\sqrt{3}}\frac{1}{1+x^2}dx$；　(6) $\int_{-\frac{1}{2}}^{\frac{1}{2}}\frac{1}{\sqrt{1-x^2}}dx$；

(7) $\int_{-1}^{-2}\frac{1}{x}dx$；　(8) $\int_0^{\pi}(\sin x+2\cos x)dx$；

(9) $\int_0^2(10-5t)dt$；　(10) $\int_0^2|x-1|dx$.

3. 计算下列定积分：

(1) $\int_0^1 e^{3x}dx$；　(2) $\int_0^1 xe^{\frac{x^2}{2}}dx$；

(3) $\int_0^2\sqrt{1+4x}dx$；　(4) $\int_{\frac{\pi}{3}}^{\pi}\sin\left(x+\frac{\pi}{3}\right)dx$；

(5) $\int_{-2}^{1}\frac{1}{(11+5x)^3}dx$；　(6) $\int_0^{\frac{\pi}{2}}\sin x\cos^3 x dx$；

(7) $\int_{\frac{\pi}{6}}^{\frac{\pi}{2}}\cos^2 x dx$；　(8) $\int_{-1}^{1}\frac{x}{\sqrt{5-4x}}dx$；

(9) $\int_{\frac{3}{4}}^{1}\frac{1}{\sqrt{1-x}-1}dx$；　(10) $\int_{\frac{\sqrt{2}}{2}}^{1}\frac{\sqrt{1-x^2}}{x^2}dx$.



4. 计算下列定积分：

(1) $\int_0^1 x^2e^x dx$；　(2) $\int_0^{\pi}x^2\sin x dx$；

(3) $\int_0^1 xe^{2x}dx$；　(4) $\int_1^e x\ln x dx$；

(5) $\int_1^4\frac{\ln x}{\sqrt{x}}dx$；　(6) $\int_0^1 x\arctan x dx$；

(7) $\int_0^{\frac{\pi}{2}}e^x\cos x dx$；　(8) $\int_1^e\sin(\ln x)dx$.

5. 计算由下列各曲线所围成的图形的面积：

(1) $y=\sqrt{x}$与 $y=x^2$；　(2) $y=\sqrt{x}$与 $y=x$；

(3) $y=e^x$，$y=e$ 与 $x=0$；　(4) $y=3-x^2$ 与 $y=2x$；

(5) $y=\frac{1}{x}$与直线 $y=x$ 及 $x=2$；

（6）$y=x^2$ 与直线 $y=2x+3$.

6. 已知某产品生产 $x$ 个单位时，总收益的变化率（边际收益）为

$$R'=R'(x)=200-\frac{x}{100},\ x\geqslant 0.$$

（1）求生产了 50 个单位时的总收益；

（2）如果已经生产 100 个单位，求再生产 100 个单位时的总收益.

# 线性代数初步

# 4 矩阵与线性方程组

这就是结构好的语言的好处，它的简化的记法常常是深奥理论的源泉.

——P. S. Laplace

代数是搞清楚世界上数量关系的智力工具.

——A. N. Whitehead

## 4.1 矩阵的定义及其运算

### 4.1.1 矩阵的定义

矩阵的近代定义直到19世纪才逐渐形成.1850年，英国数学家西尔维斯特（J. J. Sylvester，1814—1897）最先使用了“矩阵”一词.1858年，英国数学家凯莱（A. Cayley，1821—1895）首先将矩阵作为一个独立的数学对象加以研究，他给出了现在通用的一系列定义，如



凯莱（A. Cayley，1821—1895）

英国数学家，1821年8月16日生于萨里郡里士满，1839年入剑桥大学三一学院学习数学，1846年入林肯法律协会学习，并于1849年成为律师，在以后的14年中他以律师为职业，同时继续数学研究.因大学法规的变化，1863年被任命为剑桥大学纯粹数学的第一个萨德勒教授，直至逝世.凯莱是极丰产的数学家，他的数学论文几乎涉及纯粹数学的所有领域.他最主要的贡献是与J. J. 西尔维斯特一起，创立了代数型的理论，共同奠定了关于代数不变量理论的基础.他是矩阵论的创立者，在形成英国纯粹数学的近代学派中起领头作用.

两个矩阵的相等、零矩阵、单位矩阵、两个矩阵的和、一个数与一个矩阵的数量积、两个矩阵的积、矩阵的逆、转置矩阵等．因而他被认为是矩阵论的创立者．

**定义 1** 称由 $mn$ 个数 $a_{ij}$（$i=1, 2, \cdots, m$；$j=1, 2, \cdots, n$）排成的 $m$ 行、$n$ 列的矩形数表

$$A=\begin{bmatrix} a_{11} & a_{12} & \cdots & a_{1n} \\ a_{21} & a_{22} & \cdots & a_{2n} \\ \vdots & \vdots & \vdots & \vdots \\ a_{m1} & a_{m2} & \cdots & a_{mn} \end{bmatrix}$$

为一个 $m\times n$ 型矩阵．其中，$a_{ij}$表示矩阵 $A$ 的第 $i$ 行第 $j$ 列元素，下标 $i$ 与 $j$ 分别为元素 $a_{ij}$的行标和列标．矩阵一般用大写的字母 $A$、$B$、$C$ 等来表示．



元素为实（复）数的矩阵被称为实（复）矩阵，本章仅研究实矩阵．

辨别一个矩阵，重要的是看它的型和元素．例如，矩阵

$$\begin{bmatrix} 4.2 & 2.5 & 5.8 \\ 4.2 & 2.9 & 8.3 \\ 2.7 & 2.0 & 5.2 \\ 2.6 & 2.3 & 7.9 \end{bmatrix}$$

是一个 $4\times3$ 型矩阵，4 和 3 分别表示这个矩阵的行数和列数，该矩阵的第一行第二列元素 $a_{12}=2.5$，而第三行第二列元素$a_{32}=2.0$.

又如，矩阵 $[2 \quad 3 \quad 1 \quad -1]$ 是 $1\times4$ 型矩阵．一般称 $1\times n$ 型矩阵 $(a_1, a_2, \cdots, a_n)_{1\times n}$为行向量．

矩阵

$$\begin{bmatrix} 1 \\ 0 \\ -2 \\ 2 \end{bmatrix}$$

是 $4\times1$ 型矩阵．一般称 $m\times1$ 型矩阵

$$\begin{pmatrix} b_1 \\ b_2 \\ \vdots \\ b_m \end{pmatrix}_{m\times1}$$

为列向量．

如果 $m=n$，则称 $m\times n$ 型矩阵为 $n$ 阶方阵．

例如，矩阵

$$\begin{bmatrix} -2 & 1 \\ 1 & -2 \end{bmatrix}$$

是 2 阶方阵．

对于方阵 $A=(a_{ij})_{n\times n}$，称元素 $a_{11}$，$a_{22}$，…，$a_{nn}$所在的对角线为 $A$ 的主对角线，而元素 $a_{1n}$，$a_{2(n-1)}$，…，$a_{n1}$所在的对角线为次对角线．相应地，称位于主（次）对角线上的元素为主（次）对角元．

在逻辑上，$1\times1$ 型矩阵$(a)$与数 $a$ 不加以分别．

下面介绍几类重要的矩阵：

1. **零矩阵与单位矩阵**

所有元素都是0的 $m\times n$ 型矩阵称为零矩阵，记为 $O_{m\times n}$ 或 $O$，即

$$O=\begin{bmatrix}0 & 0 & \cdots & 0\\ 0 & 0 & \cdots & 0\\ \vdots & \vdots & \vdots & \vdots\\ 0 & 0 & \cdots & 0\end{bmatrix}.$$

主对角线元素都是1，而其他元素全为零的 $n$ 阶方阵称为 $n$ 阶单位矩阵，记为 $I_n$ 或 $I$，即

$$I=\begin{bmatrix}1 & 0 & \cdots & 0\\ 0 & 1 & \cdots & 0\\ \vdots & \vdots & \vdots & \vdots\\ 0 & 0 & \cdots & 1\end{bmatrix}.$$



2. **对角矩阵**

主对角线以外的元素全为零的 $n$ 阶方阵称为 $n$ 阶对角阵，记为 $D=diag(d_1,\ d_2,\ \cdots,\ d_n)$，即

$$D=\begin{bmatrix}d_1 & 0 & \cdots & 0\\ 0 & d_2 & \cdots & 0\\ \vdots & \vdots & \vdots & \vdots\\ 0 & 0 & \cdots & d_n\end{bmatrix}.$$

显然，$n$ 阶单位矩阵是对角阵，反之不然.

3. 上（下）三角阵

主对角线下（上）边的元素全为零的 $n$ 阶方阵称为上（下）三角阵，即

$$\begin{bmatrix} a_{11} & a_{12} & \cdots & a_{1n} \\ 0 & a_{22} & \cdots & a_{2n} \\ \vdots & \vdots & \vdots & \vdots \\ 0 & 0 & \cdots & a_{nn} \end{bmatrix} \text{与} \begin{bmatrix} a_{11} & 0 & \cdots & 0 \\ a_{21} & a_{22} & \cdots & 0 \\ \vdots & \vdots & \vdots & \vdots \\ a_{n1} & a_{n2} & \cdots & a_{nn} \end{bmatrix}.$$

例如，

$$A = \begin{bmatrix} 1 & 3 & 2 \\ 0 & 0 & 1 \\ 0 & 0 & 2 \end{bmatrix} \text{和} B = \begin{bmatrix} 2 & 0 & 0 \\ 0 & 1 & 0 \\ 1 & 0 & 0 \end{bmatrix}$$



分别是上三角阵和下三角阵．显然，对角阵既是上三角阵也是下三角阵，反之不然．

### 4.1.2 矩阵的线性运算

矩阵的运算是客观世界中数量关系的一种反映，是矩阵理论的最基本的内容．构成矩阵的基本元素是数，从某种角度来说，我们可以运用数的运算来定义矩阵的运算，并利用数的运算性质来研究矩阵的运算性质．为此，先给出两个矩阵相等的定义．

**定义 2** 称矩阵 $A=(a_{ij})_{m\times n}$ 与矩阵 $B=(b_{ij})_{m\times n}$ 相等，如果对所有的 $i$ 和 $j$：$1\leqslant i\leqslant m$，$1\leqslant j\leqslant n$，都有 $a_{ij}=b_{ij}$．

例如，给定矩阵

$$A=\begin{bmatrix}a & b\\ c & d\end{bmatrix},\ B=\begin{bmatrix}5 & 13\\ 3 & 8\end{bmatrix}\text{和}\ C=\begin{bmatrix}r & s & t\\ u & v & w\end{bmatrix},$$

则矩阵 $A=B$ 的充分必要条件是：$a=5$，$b=13$，$c=3$ 和 $d=8$. 由定义 2 可知，不同型的两个矩阵不相等，无论是 $A$ 还是 $B$，都不可能等于 $C$.

**定义 3** （矩阵的加法）设 $A=(a_{ij})_{m\times n}$ 与 $B=(b_{ij})_{m\times n}$ 是两个同型矩阵，规定 $A$ 与 $B$ 的和是由 $A$ 与 $B$ 的对应元素相加所得到的 $m\times n$ 型矩阵 $C=(c_{ij})_{m\times n}$，其中，$c_{ij}=a_{ij}+b_{ij}$（$i=1, 2, \cdots, m$；$j=1, 2, \cdots, n$），记为 $C=A+B$，即

$$\begin{bmatrix}a_{11} & \cdots & a_{1n}\\ \vdots & \vdots & \vdots\\ a_{m1} & \cdots & a_{mn}\end{bmatrix}+\begin{bmatrix}b_{11} & \cdots & b_{1n}\\ \vdots & \vdots & \vdots\\ b_{m1} & \cdots & b_{mn}\end{bmatrix}=\begin{bmatrix}a_{11}+b_{11} & \cdots & a_{1n}+b_{1n}\\ \vdots & \vdots & \vdots\\ a_{m1}+b_{m1} & \cdots & a_{mn}+b_{mn}\end{bmatrix}.$$



**例 1** 设

$$A=\begin{bmatrix}2 & 4 & 7 & -1\\ 0 & -3 & 1 & 0\\ 1 & 2 & 3 & 1\end{bmatrix},\ B=\begin{bmatrix}4 & 1 & 0 & 5\\ -1 & 2 & -5 & 6\\ 5 & 6 & -7 & 8\end{bmatrix},$$

求 $A+B$.

**解** 由矩阵加法的定义有

$$A+B=\begin{bmatrix}2 & 4 & 7 & -1\\ 0 & -3 & 1 & 0\\ 1 & 2 & 3 & 1\end{bmatrix}+\begin{bmatrix}4 & 1 & 0 & 5\\ -1 & 2 & -5 & 6\\ 5 & 6 & -7 & 8\end{bmatrix}=\begin{bmatrix}6 & 5 & 7 & 4\\ -1 & -1 & -4 & 6\\ 6 & 8 & -4 & 9\end{bmatrix}.$$

由矩阵加法的定义不难证明：

（1）交换律：$A+B=B+A$；

（2）结合律：$(A+B)+C=A+(B+C)$；

（3）对任一矩阵 $A$，有 $A+O=A$．

**定义 4** （矩阵数乘）设 $\lambda$ 为实数，$A=(a_{ij})_{m\times n}$是 $m\times n$ 型矩阵，规定 $\lambda$ 与 $A$ 的积是用 $\lambda$ 去乘 $A$ 的每一个元素所得到的 $m\times n$ 型矩阵，记为 $\lambda A$，即

$$\lambda A=(\lambda a_{ij})_{m\times n}.$$

例如，若 $A=\begin{bmatrix}2 & 0\\ 1 & 5\\ -1 & 1\end{bmatrix}$，$\lambda=3$，则

$$\lambda A=3A=\begin{bmatrix}6 & 0\\ 3 & 15\\ -3 & 3\end{bmatrix}.$$



由矩阵加法和数乘运算的定义，两个矩阵 $A$ 与 $B$ 的差可定义为：

$$A-B=A+(-1)B.$$

由矩阵加法、数乘运算的定义可以证明：

（1）$1A=A$；

（2）$k(lA)=(kl)A=l(kA)$；

（3）$(k+l)A=kA+lA$；

（4）$k(A+B)=kA+kB$．

其中 $k$、$l$ 为任意实数.

矩阵的加法和数乘运算统称为矩阵的线性运算.

**例 2** 设矩阵 $X$ 满足：$5(A+X)=3(B-X)$，其中

$$A=\begin{bmatrix}1&0&2\\2&1&0\end{bmatrix},\ B=\begin{bmatrix}0&1&1\\1&0&1\end{bmatrix}.$$

求矩阵 $X$.

**解** 由等式 $5(A+X)=3(B-X)$ 和矩阵线性运算的性质可得

$$X=\frac{1}{8}(3B-5A).$$

由于



$$3B-5A=\begin{bmatrix}0&3&3\\3&0&3\end{bmatrix}-\begin{bmatrix}5&0&10\\10&5&0\end{bmatrix}=\begin{bmatrix}-5&3&-7\\-7&-5&3\end{bmatrix},$$

所以

$$X=\frac{1}{8}(3B-5A)=\begin{bmatrix}-\frac{5}{8}&\frac{3}{8}&-\frac{7}{8}\\-\frac{7}{8}&-\frac{5}{8}&\frac{3}{8}\end{bmatrix}.$$

### 4.1.3 矩阵的乘法

**定义 5** 设有矩阵 $A=(a_{ij})_{m\times p}$，$B=(b_{ij})_{p\times n}$，矩阵 $A$ 与 $B$ 的乘积仍为一个矩阵 $C=(c_{ij})_{m\times n}$，记为 $C=AB$，其中

$$c_{ij}=a_{i1}b_{1j}+a_{i2}b_{2j}+\cdots+a_{ip}b_{pj},\ i=1,2,\cdots,m;\ j=1,2,\cdots,n.$$

在矩阵的乘法定义中，要求前一个矩阵的列数必须等于后一个矩阵的行数．否则，矩阵的乘法就无法进行．

**例** 3　设

$$A=\begin{bmatrix}3 & 8 & 1\\4 & 1 & 3\end{bmatrix},\ B=\begin{bmatrix}1 & 3 & 2\\2 & 2 & 1\\2 & 5 & 2\end{bmatrix},$$

求 $AB$.

**解**　因为 $A$ 是 $2\times3$ 型矩阵，$B$ 是 3 阶方阵，故矩阵 $A$ 与 $B$ 可以相乘，且 $AB$ 是 $2\times3$ 型矩阵．由定义得



$$\begin{aligned}AB&=\begin{bmatrix}3 & 8 & 1\\4 & 1 & 3\end{bmatrix}\begin{bmatrix}1 & 3 & 2\\2 & 2 & 1\\2 & 5 & 2\end{bmatrix}\\&=\begin{bmatrix}3\times1+8\times2+1\times2 & 3\times3+8\times2+1\times5 & 3\times2+8\times1+1\times2\\4\times1+1\times2+3\times2 & 4\times3+1\times2+3\times5 & 4\times2+1\times1+3\times2\end{bmatrix}\\&=\begin{bmatrix}21 & 30 & 16\\12 & 29 & 15\end{bmatrix}.\end{aligned}$$

一般而言，即使积 $AB$ 和 $BA$ 都有意义，也不一定有 $AB=BA$．例如，设

$$A=\begin{bmatrix}0 & 1\\0 & 0\end{bmatrix},\ B=\begin{bmatrix}0 & 0\\1 & 0\end{bmatrix},$$

则 $AB=\begin{bmatrix}1&0\\0&0\end{bmatrix}$，$BA=\begin{bmatrix}0&0\\0&1\end{bmatrix}$，且 $AB\neq BA$. 这说明矩阵的乘法不满足交换律.

对于矩阵 $A$、$B$，如果 $AB=BA$，就称 $A$ 与 $B$ 可交换.

矩阵乘法满足以下规律：

（1）结合律：$(AB)C=A(BC)$；

（2）分配律：$(A+B)C=AC+BC$，$A(B+C)=AB+AC$；

（3）$(kA)C=A(kC)=k(AC)$，$k\in\mathbf{R}$；

（4）$A_{m\times n}E_n=E_mA_{m\times n}=A_{m\times n}$.

利用递归式定义方法可以定义方阵 $A$ 的 $n$ 次幂，其定义如下：

（1）$A^0=I$，$A^1=A$；

（2）$A^n=AA^{n-1}$，$n=2$，3，⋯.



**例 4**　设 $A=\begin{bmatrix}1&1&1&1\\1&1&-1&-1\\1&-1&1&-1\\1&-1&-1&1\end{bmatrix}$，求 $A^n$.

**解**　因为

$$A^2=\begin{bmatrix}1&1&1&1\\1&1&-1&-1\\1&-1&1&-1\\1&-1&-1&1\end{bmatrix}\begin{bmatrix}1&1&1&1\\1&1&-1&-1\\1&-1&1&-1\\1&-1&-1&1\end{bmatrix}$$

$$=\begin{bmatrix}4&0&0&0\\0&4&0&0\\0&0&4&0\\0&0&0&4\end{bmatrix}=4I.$$

当 $n$ 为偶数时，即 $n=2k$，$k\in\mathbf{N}$ 时，有

$$A^n=A^{2k}=(A^2)^k=(4I)^k=\begin{bmatrix}4^k&0&0&0\\0&4^k&0&0\\0&0&4^k&0\\0&0&0&4^k\end{bmatrix};$$

当 $n$ 为奇数时，即 $n=2k+1$，$k\in\mathbf{N}$ 时，有

$$A^n=A^{2k+1}=A^{2k}A=\begin{bmatrix}4^k&0&0&0\\0&4^k&0&0\\0&0&4^k&0\\0&0&0&4^k\end{bmatrix}\begin{bmatrix}1&1&1&1\\1&1&-1&-1\\1&-1&1&-1\\1&-1&-1&1\end{bmatrix}$$

$$=\begin{bmatrix}4^k&4^k&4^k&4^k\\4^k&4^k&-4^k&-4^k\\4^k&-4^k&4^k&-4^k\\4^k&-4^k&-4^k&4^k\end{bmatrix}.$$



### 4.1.4 矩阵的转置

**定义 6** 对于 $m\times n$ 型矩阵 $A=(a_{ij})_{m\times n}$，如果将其行依次变成同序数的列，得到一个 $n\times m$ 型矩阵 $B=(a_{ji})_{n\times m}$，矩阵 $B$ 称为 $A$ 的转置矩阵，记为 $B=A^{\mathrm{T}}$.

例如，设 $A=\begin{bmatrix}1&2&3\\4&5&6\end{bmatrix}$，则有

$$A^{\mathrm{T}}=\begin{bmatrix}1 & 4\\ 2 & 5\\ 3 & 6\end{bmatrix},$$

若将矩阵 $A^{\mathrm{T}}$ 转置，则有

$$(A^{\mathrm{T}})^{\mathrm{T}}=\begin{bmatrix}1 & 4\\ 2 & 5\\ 3 & 6\end{bmatrix}^{\mathrm{T}}=\begin{bmatrix}1 & 2 & 3\\ 4 & 5 & 6\end{bmatrix}=A .$$

矩阵的转置满足下列运算规律：

（1） $(A\pm B)^{\mathrm{T}}=A^{\mathrm{T}}\pm B^{\mathrm{T}}$；

（2） $(\lambda A)^{\mathrm{T}}=\lambda A^{\mathrm{T}}$；

（3） $(AB)^{\mathrm{T}}=B^{\mathrm{T}}A^{\mathrm{T}}$；



（4） $(A^{\mathrm{T}})^{\mathrm{T}}=A$ .

**例 5** 设矩阵 $A=\begin{bmatrix}1 & 1 & 0\end{bmatrix}$，$B=I+A^{\mathrm{T}}A$，$C=I-A^{\mathrm{T}}A$，求 $BC$.

**解** 
$$\begin{aligned}BC&=(I+A^{\mathrm{T}}A)(I-A^{\mathrm{T}}A)=I-A^{\mathrm{T}}A+A^{\mathrm{T}}A-(A^{\mathrm{T}}A)(A^{\mathrm{T}}A)\\&=I-A^{\mathrm{T}}(AA^{\mathrm{T}})A=I-(AA^{\mathrm{T}})(A^{\mathrm{T}}A).\end{aligned}$$

直接计算可得

$$AA^{\mathrm{T}}=\begin{bmatrix}1 & 1 & 0\end{bmatrix}\begin{bmatrix}1\\ 1\\ 0\end{bmatrix}=2,\ A^{\mathrm{T}}A=\begin{bmatrix}1\\ 1\\ 0\end{bmatrix}\begin{bmatrix}1 & 1 & 0\end{bmatrix}=\begin{bmatrix}1 & 1 & 0\\ 1 & 1 & 0\\ 0 & 0 & 0\end{bmatrix}.$$

因此有

$$BC = I - (AA^{\mathrm{T}})(A^{\mathrm{T}}A) = \begin{bmatrix} 1 & 0 & 0 \\ 0 & 1 & 0 \\ 0 & 0 & 1 \end{bmatrix} - 2\begin{bmatrix} 1 & 1 & 0 \\ 1 & 1 & 0 \\ 0 & 0 & 0 \end{bmatrix}$$

$$= \begin{bmatrix} -1 & -2 & 0 \\ -2 & -1 & 0 \\ 0 & 0 & 1 \end{bmatrix}.$$

设 $A = (a_{ij})$ 为 $n$ 阶方阵.

(1) 如果 $a_{ij} = a_{ji}$ ($i = 1, 2, \cdots, n$; $j = 1, 2, \cdots, n$), 即 $A = A^{\mathrm{T}}$, 则称矩阵 $A$ 为对称矩阵;

(2) 如果 $a_{ij} = -a_{ji}$ ($i = 1, 2, \cdots, n$; $j = 1, 2, \cdots, n$), 即 $A = -A^{\mathrm{T}}$, 则称矩阵 $A$ 为反对称矩阵.

例如, 矩阵

$$\begin{bmatrix} \cos\theta & \sin\theta \\ \sin\theta & \cos\theta \end{bmatrix}$$

是 2 阶对称矩阵, 而矩阵

$$\begin{bmatrix} 0 & 2 & -3 \\ -2 & 0 & -1 \\ 3 & 1 & 0 \end{bmatrix}$$

则是 3 阶反对称矩阵. 显然, 对角矩阵一定是对称的, 反对称矩阵的主对角线上的元素全为零.

# 4.2 方阵的行列式

## 4.2.1 方阵行列式的定义

行列式是方阵的一个重要数值特征，在求解线性方程组、求矩阵的逆矩阵等问题中起着重要作用．德国数学家莱布尼茨（G. W. Leibniz，1646—1716）首先引入了行列式．

2 阶方阵 $A=\begin{bmatrix} a_{11} & a_{12} \\ a_{21} & a_{22} \end{bmatrix}$ 的行列式是一个数，记为 $\begin{vmatrix} a_{11} & a_{12} \\ a_{21} & a_{22} \end{vmatrix}$，或记为 $\det(A)$ 或 $|A|$，其值可按下面公式计算：

$$\det(A)=\begin{vmatrix} a_{11} & a_{12} \\ a_{21} & a_{22} \end{vmatrix}=a_{11}a_{22}-a_{21}a_{12}.$$



3 阶方阵 $A$ 的行列式

$$\begin{aligned} |A| &= \begin{vmatrix} a_{11} & a_{12} & a_{13} \\ a_{21} & a_{22} & a_{23} \\ a_{31} & a_{32} & a_{33} \end{vmatrix} \\ &= a_{11}a_{22}a_{33}+a_{21}a_{32}a_{13}+a_{31}a_{23}a_{12}-a_{13}a_{22}a_{31}-a_{11}a_{23}a_{32}-a_{12}a_{21}a_{33} \\ &= a_{11}(a_{22}a_{33}-a_{23}a_{32})-a_{12}(a_{21}a_{33}-a_{23}a_{31})+a_{13}(a_{21}a_{32}-a_{22}a_{31}) \\ &= a_{11}\begin{vmatrix} a_{22} & a_{23} \\ a_{32} & a_{33} \end{vmatrix}-a_{12}\begin{vmatrix} a_{21} & a_{23} \\ a_{31} & a_{33} \end{vmatrix}+a_{13}\begin{vmatrix} a_{21} & a_{22} \\ a_{31} & a_{32} \end{vmatrix}. \end{aligned}$$

其中行列式

$$\begin{vmatrix} a_{22} & a_{23} \\ a_{32} & a_{33} \end{vmatrix}$$

是在 3 阶方阵 $A$ 的行列式中去掉元素 $a_{11}$ 所在的第一行、第一列后，余下的元素按原来的次序组成的一个 2 阶方阵的行列式，称它为元素 $a_{11}$ 的余子式，记作 $M_{11}$，即

$$M_{11} = \begin{vmatrix} a_{22} & a_{23} \\ a_{32} & a_{33} \end{vmatrix}.$$

类似地，



$$M_{12} = \begin{vmatrix} a_{21} & a_{23} \\ a_{31} & a_{33} \end{vmatrix},\ M_{13} = \begin{vmatrix} a_{21} & a_{22} \\ a_{31} & a_{32} \end{vmatrix}.$$

于是有

$$|A| = \begin{vmatrix} a_{11} & a_{12} & a_{13} \\ a_{21} & a_{22} & a_{23} \\ a_{31} & a_{32} & a_{33} \end{vmatrix} = a_{11}M_{11} - a_{12}M_{12} + a_{13}M_{13}.$$

令

$$A_{ij} = (-1)^{i+j}M_{ij}, \quad i,\ j = 1,\ 2,\ 3,$$

称 $A_{ij}$ 为元素 $a_{ij}$ 的代数余子式．从而有

$$A_{11}=(-1)^{1+1}M_{11}=M_{11}, A_{12}=(-1)^{1+2}M_{12}=-M_{12},$$
$$A_{13}=(-1)^{1+3}M_{13}=M_{13}.$$

因此，

$$|A|=\begin{vmatrix} a_{11} & a_{12} & a_{13} \\ a_{21} & a_{22} & a_{23} \\ a_{31} & a_{32} & a_{33} \end{vmatrix}=a_{11}A_{11}+a_{12}A_{12}+a_{13}A_{13}.$$

上式表明，一个 3 阶行列式等于它的第一行元素与其代数余子式的乘积之和．



一般来说，运用递归方法和 3 阶行列式的定义方法，可以定义 $n$ 阶方阵的行列式．

**定义 7**　（1）2 阶方阵 $A=\begin{bmatrix} a_{11} & a_{12} \\ a_{21} & a_{22} \end{bmatrix}$ 的行列式是一个数，记为 $\begin{vmatrix} a_{11} & a_{12} \\ a_{21} & a_{22} \end{vmatrix}$，或记为 $\det(A)$、$|A|$，其值可按下面的公式计算：

$$\det(A)=\begin{vmatrix} a_{11} & a_{12} \\ a_{21} & a_{22} \end{vmatrix}=a_{11}a_{22}-a_{21}a_{12}.$$

（2）假设 $n-1$ 阶方阵的行列式已定义．对于任何一个 $n$ 阶方阵 $A=(a_{ij})_{n\times n}$，符号 $M_{ij}$ 表示划去方阵 $A$ 中元素 $a_{ij}$ 所在的第 $i$ 行与第 $j$ 列

的元素后，余下元素按原来的次序构成的 $n-1$ 阶方阵的行列式（称其为元素 $a_{ij}$ 的余子式），令 $A_{ij}=(-1)^{i+j}M_{ij}$，称它为元素 $a_{ij}$ 的代数余子式.

$$|A|=\begin{vmatrix} a_{11} & a_{12} & \cdots & a_{1n} \\ a_{21} & a_{22} & \cdots & a_{2n} \\ \vdots & \vdots & \vdots & \vdots \\ a_{n1} & a_{n2} & \cdots & a_{nn} \end{vmatrix}$$

所表示的一个数叫做方阵 $A$ 的行列式，也叫做 $n$ 阶行列式. 简记为 $\det A$，其值定义为

$$\det A=\sum_{j=1}^{n}a_{1j}A_{1j}, \tag{4.1}$$



其中，$A_{1j}=(-1)^{1+j}M_{1j}$ 是 $\det A$ 中元素 $a_{1j}$ 的代数余子式，$M_{1j}$ 是 $\det A$ 中元素 $a_{1j}$ 的余子式.

拉普拉斯证明了 $n$ 阶方阵的行列式展开定理，既有

$$\det(A)=a_{i1}A_{i1}+a_{i2}A_{i2}+\cdots+a_{ij}A_{ij}+\cdots+a_{in}A_{in},\ i=1,\ 2,\ \cdots,\ n, \tag{4.2}$$

也有

$$\det(A)=a_{1j}A_{1j}+a_{2j}A_{2j}+\cdots+a_{ij}A_{ij}+\cdots+a_{nj}A_{nj},\ j=1,\ 2,\ \cdots,\ n, \tag{4.3}$$

此外有

$$a_{1k}A_{1j}+a_{2k}A_{2j}+\cdots+a_{ik}A_{ij}+\cdots+a_{nk}A_{nj}=0\ (k\neq j).$$

由拉普拉斯展开定理可知：①若方阵的某行（或某列）为0，则其行列式为0；②上（下）三角阵的行列式等于其主对角线上元素的乘积.

$$\begin{vmatrix} a_{11} & a_{12} & \cdots & a_{1n} \\ 0 & a_{22} & \cdots & a_{2n} \\ \vdots & \vdots & \vdots & \vdots \\ 0 & 0 & \cdots & a_{nn} \end{vmatrix}=a_{11}a_{22}\cdots a_{nn},\quad \begin{vmatrix} a_{11} & 0 & \cdots & 0 \\ a_{21} & a_{22} & \cdots & 0 \\ \vdots & \vdots & \vdots & \vdots \\ a_{n1} & a_{n2} & \cdots & a_{nn} \end{vmatrix}=a_{11}a_{22}\cdots a_{nn}.$$

特别地，对角阵的行列式也等于其主对角线上元素的乘积，从而单位矩阵的行列式等于1.



拉普拉斯展开定理的实质就是将高阶行列式的计算问题转化为低阶行列式的计算问题. 为了有效地运用拉普拉斯展开定理，应该选择含零元素最多的行展开行列式.

**例6** 计算3阶行列式

$$\begin{vmatrix} 2 & 0 & 0 \\ 1 & 4 & -8 \\ 0 & -5 & 12 \end{vmatrix}.$$

**解** 由于第一行含有的零元素较多，按第一行展开行列式，因为$a_{11}=2$，$a_{12}=0$，$a_{13}=0$，

$$A_{11}=(-1)^{1+1}\begin{vmatrix}4 & -8\\ -5 & 12\end{vmatrix}=(-1)^{2}[4\times12-(-5)(-8)]=8,$$

$$A_{12}=(-1)^{1+2}\begin{vmatrix}1 & -8\\ 0 & 12\end{vmatrix}=(-1)^{3}[1\times12-0\times(-8)]=-12,$$

$$A_{13}=(-1)^{1+3}\begin{vmatrix}1 & 4\\ 0 & -5\end{vmatrix}=(-1)^{4}[1\times(-5)-0\times4]=-5.$$

所以

$$\begin{vmatrix}2 & 0 & 0\\ 1 & 4 & -8\\ 0 & -5 & 12\end{vmatrix}=a_{11}A_{11}+a_{12}A_{12}+a_{13}A_{13}$$

$$=2\times8+0\times(-12)+0\times(-5)=16.$$



**例 7** 计算 4 阶行列式

$$\begin{vmatrix}1 & -4 & 5 & -1\\ -2 & 3 & -8 & 4\\ 1 & 6 & 0 & -2\\ 0 & 7 & 0 & 9\end{vmatrix}.$$

**解** 由于第三列含有较多的零元素（两个），故按第三列展开行列式，于是有

$$\begin{vmatrix} 1 & -4 & 5 & -1 \\ -2 & 3 & -8 & 4 \\ 1 & 6 & 0 & -2 \\ 0 & 7 & 0 & 9 \end{vmatrix} = 5\times(-1)^{1+3}\begin{vmatrix} -2 & 3 & 4 \\ 1 & 6 & -2 \\ 0 & 7 & 9 \end{vmatrix} +$$

$$(-8)\times(-1)^{2+3}\times\begin{vmatrix} 1 & -4 & -1 \\ 1 & 6 & -2 \\ 0 & 7 & 9 \end{vmatrix}$$

$$= 5\times\begin{vmatrix} -2 & 3 & 4 \\ 1 & 6 & -2 \\ 0 & 7 & 9 \end{vmatrix} + 8\times\begin{vmatrix} 1 & -4 & -1 \\ 1 & 6 & -2 \\ 0 & 7 & 9 \end{vmatrix}$$

$$= 5\times(-2)\times(-1)^{1+1}\times\begin{vmatrix} 6 & -2 \\ 7 & 9 \end{vmatrix} + 5\times(-1)^{2+1}\times\begin{vmatrix} 3 & 4 \\ 7 & 9 \end{vmatrix} +$$

$$8\times(-1)^{1+1}\times\begin{vmatrix} 6 & -2 \\ 7 & 9 \end{vmatrix} + 8\times(-1)^{2+1}\times\begin{vmatrix} -4 & -1 \\ 7 & 9 \end{vmatrix}$$



$$= 101.$$

### 4.2.2 方阵行列式的性质

由拉普拉斯展开定理可知，如果行列式的元素中 0 的个数越多，那么行列式的计算就越容易．但有些行列式含有较少的零元素，甚至不含有零元素，在这种情况下，直接运用拉普拉斯展开定理计算行列式将会很麻烦．为了更有效地计算行列式，我们有必要研究行列式的性质．

**性质 1** 如果互换方阵 $A$ 的两行（列），所得到的矩阵的行列式为 $-|A|$.

例如，若

$$\begin{vmatrix} 2 & 0 & 0 \\ 1 & 4 & -8 \\ 0 & -5 & 12 \end{vmatrix} = 16, \text{则}$$

$$\begin{vmatrix} 1 & 4 & -8 \\ 2 & 0 & 0 \\ 0 & -5 & 12 \end{vmatrix} \overset{r_1 \leftrightarrow r_2}{=} -\begin{vmatrix} 2 & 0 & 0 \\ 1 & 4 & -8 \\ 0 & -5 & 12 \end{vmatrix} = -16,$$

其中，$r_i \leftrightarrow r_j$（$c_i \leftrightarrow c_j$）表示交换方阵的行列式的第 $i$ 行（列）与第 $j$ 行（列）.

**性质 2**　如果方阵 $A$ 的某一行（列）的所有元素都乘以非零常数 $\alpha$，那么所得矩阵的行列式是 $\alpha|A|$.

例如，

$$\begin{vmatrix} 2 & 0 & 0 \\ 1 & 4 & -8 \\ 0 & -5 & 12 \end{vmatrix} = 16, \text{则}$$

$$\begin{vmatrix} 2 & 0 & 0 \\ 2 & 8 & -16 \\ 0 & -5 & 12 \end{vmatrix} \overset{r_2 \times \frac{1}{2}}{=} 2 \times \begin{vmatrix} 2 & 0 & 0 \\ 1 & 4 & -8 \\ 0 & -5 & 12 \end{vmatrix} = 32 .$$

又如，

$$\begin{vmatrix} 77 & 12 \\ 91 & 14 \end{vmatrix} = \begin{vmatrix} 7 \times 11 & 2 \times 6 \\ 7 \times 13 & 2 \times 7 \end{vmatrix} = 7 \times \begin{vmatrix} 11 & 2 \times 6 \\ 13 & 2 \times 7 \end{vmatrix} = 7 \times 2 \times \begin{vmatrix} 11 & 6 \\ 13 & 7 \end{vmatrix}$$

$$= 7 \times 2(11 \times 7 - 13 \times 6) = -14,$$

其中，$kr_i$（$kc_i$）表示用数 $k$ 乘以方阵的行列式的第 $i$ 行（列）.

注意：如果 $n$ 阶方阵 $A$ 的每个元素都乘以非零常数 $\alpha$，那么 $|\alpha A| = \alpha^n |A|$.

**性质 3** 对于方阵 $A$，如果将其某一行（列）的常数倍加到另一行上去，那么，所得到的矩阵的行列式的值仍为 $|A|$.

例如，

$$\begin{vmatrix} a_{11} & a_{12} & a_{13} \\ a_{21} & a_{22} & a_{23} \\ a_{31} & a_{32} & a_{33} \end{vmatrix} \overset{r_2 + kr_3}{=} \begin{vmatrix} a_{11} & a_{12} & a_{13} \\ a_{21} + ka_{31} & a_{22} + ka_{32} & a_{23} + ka_{33} \\ a_{31} & a_{32} & a_{33} \end{vmatrix},$$

其中，$r_i + kr_j$（$c_i + kc_j$）表示用数 $k$ 乘以方阵行列式的第 $j$ 行（列）后，对应加到第 $i$ 行（列）上去.



**推论** 若方阵的某两行（或两列）元素对应成比例，则该方阵的行列式为 0.

**性质 4** 方阵 $A$ 的行列式与其转置矩阵 $A^{\mathrm{T}}$ 的行列式相等，即 $|A| = |A^{\mathrm{T}}|$.

**性质 5** 如果 $A$、$B$ 都是 $n$ 阶方阵，那么 $|AB| = |A| \cdot |B|$.

**例 8** 计算行列式

$$\begin{vmatrix} 4 & 0 & 2 \\ 3 & 2 & 1 \\ 7 & 5 & 1 \end{vmatrix}.$$

**解**

$$\begin{vmatrix}4&0&2\\3&2&1\\7&5&1\end{vmatrix}\overset{r_1-r_2}{=}\begin{vmatrix}1&-2&1\\3&2&1\\7&5&1\end{vmatrix}\overset{\substack{r_2-3r_1\\r_3-7r_1}}{=}\begin{vmatrix}1&-2&1\\0&8&-2\\0&19&-6\end{vmatrix}$$

$$\overset{r_3-\frac{19}{8}r_2}{=}\begin{vmatrix}1&-2&1\\0&8&-2\\0&0&-\frac{5}{4}\end{vmatrix}=-10\,.$$

例 9　计算行列式

$$\begin{vmatrix}1&-1&-1&5\\2&0&1&4\\-3&2&7&3\\4&1&4&6\end{vmatrix}.$$



解

$$\begin{vmatrix}1&-1&-1&5\\2&0&1&4\\-3&2&7&3\\4&1&4&6\end{vmatrix}\overset{\substack{r_2-2r_1\\r_3+3r_1\\r_4-4r_1}}{=}\begin{vmatrix}1&-1&-1&5\\0&2&3&-6\\0&-1&4&18\\0&5&8&-14\end{vmatrix}$$

$$\overset{r_2\leftrightarrow r_3}{=}-\begin{vmatrix}1&-1&-1&5\\0&-1&4&18\\0&2&3&-6\\0&5&8&-14\end{vmatrix}\overset{\substack{r_3+2r_2\\r_4+5r_2}}{=}-\begin{vmatrix}1&-1&-1&5\\0&-1&4&18\\0&0&11&30\\0&0&28&76\end{vmatrix}$$

$$\overset{r_4-\frac{28}{11}r_3}{=}-\begin{vmatrix}1 & -1 & -1 & 5\\ 0 & -1 & 4 & 18\\ 0 & 0 & 11 & 30\\ 0 & 0 & 0 & -\frac{4}{11}\end{vmatrix}=-4.$$

计算行列式时，首先应分析行列式的结构，把握其特征，然后利用行列式的变换性质，将其化为上、下三角形行列式，并求值.

**例 10** 证明奇数阶反对称矩阵的行列式等于0.

**证** 如果 $n$ 是奇数，并且 $A^{\mathrm{T}}=-A$，则

$$|A|=|A^{\mathrm{T}}|=|-A|=(-1)^n|A|=-|A|,$$

于是有 $2|A|=0$，即 $|A|=0$.

**例 11** 对任何的 $a$、$b$、$c$，行列式



$$\begin{vmatrix}1 & 1 & 1\\ a & b & c\\ b+c & a+c & a+b\end{vmatrix}=0$$

**证** 如果 $a+b+c\neq 0$，那么

$$\begin{vmatrix}1 & 1 & 1\\ a & b & c\\ b+c & a+c & a+b\end{vmatrix}=\begin{vmatrix}1 & 1 & 1\\ a & b & c\\ a+b+c & b+a+c & c+a+b\end{vmatrix}$$

$$=(a+b+c)\begin{vmatrix}1 & 1 & 1\\ a & b & c\\ 1 & 1 & 1\end{vmatrix}=0,$$

如果 $a+b+c=0$，则 $a=-(b+c), b=-(a+c), c=-(a+b)$

$$\begin{vmatrix} 1 & 1 & 1 \\ a & b & c \\ b+c & a+c & a+b \end{vmatrix} = \begin{vmatrix} 1 & 1 & 1 \\ a & b & c \\ -a & -b & -c \end{vmatrix} = -\begin{vmatrix} 1 & 1 & 1 \\ a & b & c \\ a & b & c \end{vmatrix} = 0.$$

# 4.3 矩阵的秩与矩阵的逆

## 4.3.1 矩阵的初等变换与初等矩阵

**定义** 8　以下三种变换称为矩阵的初等行（列）变换：

（1）交换矩阵的两行（列）；

（2）用非零常数乘以矩阵的某一行（列）；

（3）将矩阵的某一行（列）的常数倍对应加到另一行（列）上.

矩阵的初等行变换和初等列变换统称为矩阵的初等变换.

为了更清楚地记录对矩阵进行的初等变换的过程，用 $r_i$ 表示矩阵的第 $i$ 行，$c_i$ 表示矩阵的第 $i$ 列，并且用 $A \xrightarrow{r_i \leftrightarrow r_j} B$ 表示将矩阵 $A$ 的第 $i$ 行与第 $j$ 行互换后得到矩阵 $B$，$A \xrightarrow{kr_i} B$ 表示用不为零的常数 $k$ 乘以矩阵 $A$ 的第 $i$ 行后得到矩阵 $B$，$A \xrightarrow{r_j + kr_i} B$ 表示矩阵 $A$ 的第 $j$ 行加上第 $i$ 行的 $k$ 倍后得到矩阵 $B$. $A \xrightarrow{c_i \leftrightarrow c_j} B$，$A \xrightarrow{kc_i} B$，$A \xrightarrow{c_j + kc_i} B$ 有类似的意义.

**例** 12　令 $E_1 = \begin{bmatrix} 0 & 1 & 0 \\ 1 & 0 & 0 \\ 0 & 0 & 1 \end{bmatrix}$，$E_2 = \begin{bmatrix} 1 & 0 & 0 \\ 0 & 2 & 0 \\ 0 & 0 & 1 \end{bmatrix}$，$E_3 = \begin{bmatrix} 1 & 0 & 0 \\ 0 & 1 & 0 \\ 3 & 0 & 1 \end{bmatrix}$，

$$I=\begin{bmatrix}1&0&0\\0&1&0\\0&0&1\end{bmatrix}.$$

交换单位矩阵 $I$ 的第一行与第二行后，得到矩阵 $E_1$，即

$$I=\begin{bmatrix}1&0&0\\0&1&0\\0&0&1\end{bmatrix}\xrightarrow{r_1\leftrightarrow r_2}\begin{bmatrix}0&1&0\\1&0&0\\0&0&1\end{bmatrix}=E_1,$$

若用数 2 乘以单位矩阵 $I$ 的第二行，则可得矩阵 $E_2$，即

$$I=\begin{bmatrix}1&0&0\\0&1&0\\0&0&1\end{bmatrix}\xrightarrow{2r_2}\begin{bmatrix}1&0&0\\0&2&0\\0&0&1\end{bmatrix}=E_2,$$



单位矩阵 $I$ 的第三行加上第一行的 3 倍，可得矩阵 $E_3$，即

$$I=\begin{bmatrix}1&0&0\\0&1&0\\0&0&1\end{bmatrix}\xrightarrow{r_3+3r_1}\begin{bmatrix}1&0&0\\0&1&0\\3&0&1\end{bmatrix}=E_3.$$

**定义** 9　对单位矩阵仅作一次初等变换所得到的矩阵被称为初等矩阵.

在例 12 中，矩阵 $E_1$、$E_2$、$E_3$ 均是初等矩阵.

交换单位矩阵 $I$ 的第 $i$ 行与第 $j$ 行后得到的矩阵称为对换阵，记为 $E(i,j)$，如 $E_1$ 是对换阵；用不为零的常数 $k$ 乘以单位矩阵的第 $i$ 行后得到的矩阵称为倍乘阵，记为 $E(i(k))$，如 $E_2$ 是倍乘阵；单位矩阵

的第 $i$ 行加上第 $j$ 行的 $k$ 倍后得到的矩阵称为倍加阵，记为 $E(j(k),\ i)$，如 $E_3$ 是倍加阵.

### 4.3.2 矩阵的等价与阶梯形矩阵

**定义 10** 若矩阵 $A$ 经过有限次初等变换化成矩阵 $B$，则称矩阵 $A$ 与 $B$ 等价，记为 $A \sim B$.

**例 13** 设

$$A=\begin{bmatrix}1 & 0 & 2\\2 & 1 & 1\\3 & 1 & 3\end{bmatrix},\ B=\begin{bmatrix}1 & 0 & 2\\0 & 1 & -3\\0 & 0 & 0\end{bmatrix},$$

则 $A \sim B$.

**证** 对矩阵 $A$ 实施初等行变换：



$$A=\begin{bmatrix}1 & 0 & 2\\2 & 1 & 1\\3 & 1 & 3\end{bmatrix}\xrightarrow{r_2+(-2)r_1}\begin{bmatrix}1 & 0 & 2\\0 & 1 & -3\\3 & 1 & 3\end{bmatrix}\xrightarrow{r_3+(-3)r_1}\begin{bmatrix}1 & 0 & 2\\0 & 1 & -3\\0 & 1 & -3\end{bmatrix}$$

$$\xrightarrow{r_3+(-1)r_2}\begin{bmatrix}1 & 0 & 2\\0 & 1 & -3\\0 & 0 & 0\end{bmatrix}=B，由定义可知，A \sim B.$$

在例 13 中，由初等变换 $r_2+(-2)r_1$，$r_3+(-3)r_1$ 和 $r_3+(-1)r_2$，可分别得到倍加矩阵：

$$E(1(-2),2)=\begin{bmatrix}1&0&0\\-2&1&0\\0&0&1\end{bmatrix}\triangleq E_1,$$

$$E(1(-3),3)=\begin{bmatrix}1&0&0\\0&1&0\\-3&0&1\end{bmatrix}\triangleq E_2,$$

$$E(2(-1),3)=\begin{bmatrix}1&0&0\\0&1&0\\0&-1&1\end{bmatrix}\triangleq E_3.$$

若令

$$B_1=\begin{bmatrix}1&0&2\\0&1&-3\\3&1&3\end{bmatrix},\ B_2=\begin{bmatrix}1&0&2\\0&1&-3\\0&1&-3\end{bmatrix}.$$



由矩阵的运算不难得到：$B_1=E_1A$，$B_2=E_2B_1$，$B=E_3B_2$．于是有

$$B=E_3B_2=E_3(E_2B_1)=(E_3E_2)B_1=(E_3E_2)(E_1A)=(E_3E_2E_1)A.$$

**定义 11**　满足下列条件的矩阵称为（行）阶梯形矩阵：

（1）所有零行（元素全为 0 的行）均在非零行的下方；

（2）首非零元（即非零行的第一个不为零的元素）的列标号随着行标号的增加而严格递增．

例如，下列矩阵均是（行）阶梯形矩阵：

$$\begin{bmatrix}1&1&2\\0&1&-3\\0&0&2\end{bmatrix},\begin{bmatrix}1&-1&2\\0&2&1\\0&0&0\end{bmatrix},\begin{bmatrix}1&0&0&1\\0&2&1&1\\0&0&3&0\\0&0&0&0\end{bmatrix}.$$

矩阵$\begin{bmatrix}1&1&2\\0&0&-3\\0&0&2\end{bmatrix}$，$\begin{bmatrix}1&-1&2\\0&0&0\\0&0&1\end{bmatrix}$都不是（行）阶梯形矩阵.

**定义** 12　称满足下列条件的（行）阶梯形矩阵为（行）标准形矩阵：

（1）所有的首非零元都是 1；

（2）所有首非零元所在列的其他元素都是 0.

例如，矩阵 $A=\begin{bmatrix}1&0&3&-2\\0&1&2&-1\\0&0&0&0\end{bmatrix}$是（行）标准形矩阵.



### 4.3.3　矩阵的秩

1879 年，德国数学家费罗贝尼乌斯（F. G. Frobenius，1849—1917）给出了矩阵秩的概念. 下面给出矩阵秩的另一个等价定义. 为了定义矩阵的秩，先给出下面两个定理.

**定理** 1　任何一个矩阵经过有限次行初等变换可以化成（行）阶梯形矩阵，也就是说，任何一个矩阵与某个（行）阶梯形矩阵等价.

**定理** 2　与矩阵 $A$ 等价的任何两个（行）阶梯形矩阵的非零行数必相等.

**定义** 13　称与矩阵 $A$ 等价的（行）阶梯形矩阵的非零行数为矩阵 $A$ 的秩，记为 $R(A)$.

由矩阵秩的定义，利用初等行变换把矩阵化为（行）阶梯形，就可求得矩阵的秩.

例 14　设

$$A=\begin{bmatrix}1 & -1 & 2 & 1 & 0\\ 2 & -2 & 4 & -2 & 0\\ 3 & 0 & 6 & -1 & 1\\ 2 & 1 & 4 & 2 & 1\end{bmatrix},$$

求 $R(A)$.

**解**　对矩阵 $A$ 作初等行变换，有

$$A=\begin{bmatrix}1 & -1 & 2 & 1 & 0\\ 2 & -2 & 4 & -2 & 0\\ 3 & 0 & 6 & -1 & 1\\ 2 & 1 & 4 & 2 & 1\end{bmatrix}\xrightarrow[r_4-2r_1]{r_2-2r_1,\ r_3-3r_1}\begin{bmatrix}1 & -1 & 2 & 1 & 0\\ 0 & 0 & 0 & -4 & 0\\ 0 & 3 & 0 & -4 & 1\\ 0 & 3 & 0 & 0 & 1\end{bmatrix}$$

$$\xrightarrow[r_4-r_3]{r_3-r_2}\begin{bmatrix}1 & -1 & 2 & 1 & 0\\ 0 & 0 & 0 & -4 & 0\\ 0 & 3 & 0 & 0 & 1\\ 0 & 0 & 0 & 0 & 0\end{bmatrix}\xrightarrow{r_2\leftrightarrow r_3}\begin{bmatrix}1 & -1 & 2 & 1 & 0\\ 0 & 3 & 0 & 0 & 1\\ 0 & 0 & 0 & -4 & 0\\ 0 & 0 & 0 & 0 & 0\end{bmatrix},$$

所得到的（行）阶梯形矩阵中的非零行数为 3，故 $R(A)=3$.

由矩阵秩的定义，可以得到下列结论：

（1）（行）阶梯形矩阵的秩等于它的非零行数 .

（2）矩阵的初等变换不改变矩阵的秩，即若 $A\sim B$，则 $R(A)=R(B)$. 这说明矩阵的秩相对于矩阵的初等变换而言，是一个不变量 .

（3）$R(A_{m\times n})\leqslant\min\{m,\ n\}$.

（4）$R(A^{\mathrm{T}})=R(A)$.

### 4.3.4 方阵的逆

在实数的运算中，对于数 $a\neq 0$，总存在唯一的数 $a^{-1}$，使得 $aa^{-1}=a^{-1}a=1$. 那么，对于给定的矩阵 $A$，是否也有类似的性质呢？在回答这个问题之前，先引入逆矩阵的概念.

**定义** 14　给定 $n$ 阶方阵 $A$. 如果存在 $n$ 阶方阵 $B$，使得

$$AB=BA=I_n,$$

则称矩阵 $A$ 可逆，并称 $B$ 为 $A$ 的逆矩阵，记为 $B=A^{-1}$.

例如，若 $d_1\neq 0$，$d_2\neq 0$，$d_3\neq 0$，则由定义 14 不难验证对角阵

$$A\triangleq\begin{bmatrix} d_1 & 0 & 0 \\ 0 & d_2 & 0 \\ 0 & 0 & d_3 \end{bmatrix}$$



的逆矩阵

$$A^{-1}=\begin{bmatrix} d_1^{-1} & 0 & 0 \\ 0 & d_2^{-1} & 0 \\ 0 & 0 & d_3^{-1} \end{bmatrix}.$$

如果一个矩阵可逆，则它的逆矩阵是唯一的. 事实上，假设矩阵 $A$ 可逆，且 $A_1$、$A_2$ 是 $A$ 的逆矩阵，则由定义 14 有

$$A_1A=AA_1=I$$

$$A_2A = AA_2 = I$$

于是有

$$\begin{aligned} A_1 &= A_1I = A_1(AA_2) \\ &= (A_1A)A_2 = IA_2 = A_2. \end{aligned}$$

**例 15** 令

$$A = \begin{bmatrix} 2 & 0 & -3 \\ -1 & 4 & -8 \\ 0 & -5 & 12 \end{bmatrix}, B = \begin{bmatrix} 8 & 15 & 12 \\ 12 & 24 & 19 \\ 5 & 10 & 8 \end{bmatrix},$$

则矩阵 $B$ 是矩阵 $A$ 的逆矩阵.



**证** 因为

$$\begin{bmatrix} 2 & 0 & -3 \\ -1 & 4 & -8 \\ 0 & -5 & 12 \end{bmatrix}\begin{bmatrix} 8 & 15 & 12 \\ 12 & 24 & 19 \\ 5 & 10 & 8 \end{bmatrix} = \begin{bmatrix} 1 & 0 & 0 \\ 0 & 1 & 0 \\ 0 & 0 & 1 \end{bmatrix},$$

$$\begin{bmatrix} 8 & 15 & 12 \\ 12 & 24 & 19 \\ 5 & 10 & 8 \end{bmatrix}\begin{bmatrix} 2 & 0 & -3 \\ -1 & 4 & -8 \\ 0 & -5 & 12 \end{bmatrix} = \begin{bmatrix} 1 & 0 & 0 \\ 0 & 1 & 0 \\ 0 & 0 & 1 \end{bmatrix}.$$

所以，矩阵 $B$ 是矩阵 $A$ 的逆矩阵.

如果矩阵 $B$ 是矩阵 $A$ 的逆矩阵，利用定义 14，不难验证矩阵 $A$ 也是矩阵 $B$ 的逆矩阵. 注意：并不是所有的矩阵都可逆.

例如，矩阵 $A=\begin{bmatrix}1 & 0\\0 & 0\end{bmatrix}$ 不可逆．因为，若矩阵 $A$ 可逆，设它的逆矩阵为 $B=\begin{bmatrix}b_{11} & b_{12}\\b_{21} & b_{22}\end{bmatrix}$，直接计算得：$AB=\begin{bmatrix}1 & 0\\0 & 0\end{bmatrix}\begin{bmatrix}b_{11} & b_{12}\\b_{21} & b_{22}\end{bmatrix}=\begin{bmatrix}b_{11} & b_{12}\\0 & 0\end{bmatrix}\neq\begin{bmatrix}1 & 0\\0 & 1\end{bmatrix}$.

**性质6**　如果同阶方阵 $A$、$B$ 都可逆，那么乘积 $AB$ 也可逆，并且有

$$(AB)^{-1}=B^{-1}A^{-1}.$$

这是因为

$$(AB)(B^{-1}A^{-1})=A(BB^{-1})A^{-1}=AIA^{-1}=AA^{-1}=E,$$

且有

$$(B^{-1}A^{-1})(AB)=B^{-1}(A^{-1}A)B=B^{-1}IB=B^{-1}B=E.$$

利用定义14，不难证明以下性质：

**性质7**　若矩阵 $A$ 可逆，则 $A^{\mathrm{T}}$ 也可逆，且有

$$(A^{\mathrm{T}})^{-1}=(A^{-1})^{\mathrm{T}}.$$

**性质8**　若矩阵 $A$ 可逆，且 $\lambda\neq0$，则 $\lambda A$ 也可逆，且有

$$(\lambda A)^{-1}=\frac{1}{\lambda}A^{-1}.$$

一个给定的方阵，在什么条件下可逆？可逆时，又怎样求它的逆矩阵？首先，回答“在什么情况下，一个方阵可逆”的问题；然后，建立求一个矩阵逆矩阵的方法.

**定理 3** 下列命题等价：

（1）$n$ 阶方阵 $A$ 可逆；

（2）$A$ 等价于单位矩阵 $I$；

（3）$|A|\neq 0$；

（4）$R(A)=n$.

下面介绍运用矩阵的初等行变换求逆矩阵的方法.

如果 $A$ 可逆，构造一个 $n\times 2n$ 型矩阵 $(A\quad I)$，通过初等行变换将其变成$(I\quad B)$. 那么，$B$ 就是 $A$ 的逆矩阵：$B=A^{-1}$.

**例 16** 求矩阵 $A=\begin{bmatrix}1&3\\2&4\end{bmatrix}$的逆矩阵.



**解** $(A\quad I)=\left[\begin{array}{cc|cc}1&3&1&0\\2&4&0&1\end{array}\right]\xrightarrow{r_2+(-2)r_1}\left[\begin{array}{cc|cc}1&3&1&0\\0&-2&-2&1\end{array}\right]$

$$\xrightarrow{\left(-\frac{1}{2}\right)r_2}\left[\begin{array}{cc|cc}1&3&1&0\\0&1&1&-\frac{1}{2}\end{array}\right]\xrightarrow{r_1+(-3)r_2}\left[\begin{array}{cc|cc}1&0&-2&\frac{3}{2}\\0&1&1&-\frac{1}{2}\end{array}\right]$$

$\triangleq(I\quad B)$,

则矩阵 $A$ 的逆矩阵为 $A^{-1}=B=\begin{bmatrix}-2&\frac{3}{2}\\1&-\frac{1}{2}\end{bmatrix}$.

**例 17** 求矩阵 $A=\begin{bmatrix}2&3&4&5\\1&2&3&4\\1&1&2&3\\1&1&1&2\end{bmatrix}$ 的逆矩阵.

**解**

$$(A\quad I)=\left[\begin{array}{cccc|cccc}2&3&4&5&1&0&0&0\\1&2&3&4&0&1&0&0\\1&1&2&3&0&0&1&0\\1&1&1&2&0&0&0&1\end{array}\right]\xrightarrow{r_1\leftrightarrow r_2}\left[\begin{array}{cccc|cccc}1&2&3&4&0&1&0&0\\2&3&4&5&1&0&0&0\\1&1&2&3&0&0&1&0\\1&1&1&2&0&0&0&1\end{array}\right]$$

$$\xrightarrow[r_4+(-1)r_1]{\substack{r_2+(-2)r_1\\ r_3+(-1)r_1}}\left[\begin{array}{cccc|cccc}1&2&3&4&0&1&0&0\\0&-1&-2&-3&1&-2&0&0\\0&-1&-1&-1&0&-1&1&0\\0&-1&-2&-2&0&-1&0&1\end{array}\right]\xrightarrow{\substack{r_3+(-1)r_2\\ r_4+(-1)r_2}}$$

$$\left[\begin{array}{cccc|cccc}1&2&3&4&0&1&0&0\\0&-1&-2&-3&1&-2&0&0\\0&0&1&2&-1&1&1&0\\0&0&0&1&-1&1&0&1\end{array}\right]\xrightarrow{\substack{r_1+(-4)r_4\\ r_2+3r_4\\ r_3+(-2)r_4}}$$

$$\left[\begin{array}{cccc|cccc}1&2&3&0&4&-3&0&-4\\0&-1&-2&0&-2&1&0&3\\0&0&1&0&1&-1&1&-2\\0&0&0&1&-1&1&0&1\end{array}\right]\xrightarrow{\substack{r_1+(-3)r_3\\ r_2+2r_3}}$$

$$
\left[\begin{array}{cccc|cccc}
1 & 2 & 0 & 0 & 1 & 0 & -3 & 2 \\
0 & -1 & 0 & 0 & 0 & -1 & 2 & -1 \\
0 & 0 & 1 & 0 & 1 & -1 & 1 & -2 \\
0 & 0 & 0 & 1 & -1 & 1 & 0 & 1
\end{array}\right]
\xrightarrow{(-1)r_2}
$$

$$
\left[\begin{array}{cccc|cccc}
1 & 2 & 0 & 0 & 1 & 0 & -3 & 2 \\
0 & 1 & 0 & 0 & 0 & 1 & -2 & 1 \\
0 & 0 & 1 & 0 & 1 & -1 & 1 & -2 \\
0 & 0 & 0 & 1 & -1 & 1 & 0 & 1
\end{array}\right]
\xrightarrow{r_1+(-2)r_2}
$$

$$
\left[\begin{array}{cccc|cccc}
1 & 0 & 0 & 0 & 1 & -2 & 1 & 0 \\
0 & 1 & 0 & 0 & 0 & 1 & -2 & 1 \\
0 & 0 & 1 & 0 & 1 & -1 & 1 & -2 \\
0 & 0 & 0 & 1 & -1 & 1 & 0 & 1
\end{array}\right]
\triangleq (I \quad B)
$$

所以 $A^{-1}=B=\begin{bmatrix} 1 & -2 & 1 & 0 \\ 0 & 1 & -2 & 1 \\ 1 & -1 & 1 & -2 \\ -1 & 1 & 0 & 1 \end{bmatrix}$.

# 4.4 线性方程组

## 4.4.1 线性方程组的可解条件

称含 $n$ 个未知数 $x_1$，$x_2$，…，$x_n$ 和 $m$ 个线性方程的方程组

$$\begin{cases} a_{11}x_1 + a_{12}x_2 + \cdots + a_{1n}x_n = b_1 \\ a_{21}x_1 + a_{22}x_2 + \cdots + a_{2n}x_n = b_2 \\ \qquad \vdots \\ a_{m1}x_1 + a_{m2}x_2 + \cdots + a_{mn}x_n = b_m \end{cases} \tag{4.4}$$

为 $n$ 元线性方程组.

在线性方程组中，常数 $a_{ij}$ 表示第 $i$ 个方程中第 $j$ 个未知数的系数，$b_i$ 是第 $i$ 个方程的常数项.



常数 $b_i$（$i=1, 2, \cdots, m$）全为零的线性方程组叫做齐次线性方程组，否则，称其为非齐次线性方程组. 如果用一组常数 $c_1$，$c_2$，…，$c_n$ 依次替代方程组（4.4）中的未知量 $x_1$，$x_2$，…，$x_n$，方程组

---

高斯（C. F. Gauss，1777—1855）

德国数学家、天文学家和物理学家，1777 年 4 月 30 日出生在不伦瑞克的一个工匠家庭. 1795 年在格丁根大学学习数学，大学一年级就发明了二次互反律. 1798 年转入黑尔姆施泰特大学，翌年获得博士学位. 从 1807 年起直到逝世，他一直担任格丁根大学教授并兼任格丁根天文台台长.

高斯的数学成就遍及各个领域，他在代数学方面的代表性成就是他对代数基本定理的证明，他发明了高斯消元法. 由于在数学上所取得的巨大成就，他被誉为历史上最伟大的数学家之一，与阿基米德、牛顿同享盛名.

(4.4) 中的每一个式子都成为恒等式，则称每一个这样的数组 ($c_1$，$c_2$，…，$c_n$) 为方程组 (4.4) 的一个解，并称线性方程组是相容的，否则，称线性方程组 (4.4) 为不相容方程组．若两个方程组有相同的非空解集，则称这两个方程组是等价方程组．

若令

$$A=\begin{bmatrix} a_{11} & a_{12} & \cdots & a_{1n} \\ a_{21} & a_{22} & \cdots & a_{2n} \\ \vdots & \vdots & \vdots & \vdots \\ a_{m1} & a_{m2} & \cdots & a_{mn} \end{bmatrix},\ x=\begin{bmatrix} x_1 \\ x_2 \\ \vdots \\ x_n \end{bmatrix},\ b=\begin{bmatrix} b_1 \\ b_2 \\ \vdots \\ b_m \end{bmatrix},$$

则线性方程组 (4.4) 可表示成矩阵形式：

$$Ax=b. \tag{4.5}$$



矩阵 $A$、$x$、$b$ 分别称为线性方程组 (4.4) 的系数矩阵、未知向量、常向量．

齐次线性方程组可表示为

$$Ax=0. \tag{4.6}$$

称分块矩阵 $\bar{A}=(A,\ b)$ 为线性方程组 (4.4) 的增广矩阵．显然，线性方程组 (4.4) 与矩阵 $A$、$b$ 是一一对应的，也就是说，线性方程组 (4.4) 与它的增广矩阵是一一对应的．从而，方程组 (4.4) 与它的系数矩阵是一一对应的．

若令 $\alpha_j^{\mathrm{T}}=(a_{1j},\ a_{2j},\ \cdots,\ a_{mj})$，$j=1,\ 2,\ \cdots,\ n$，则线性方程组 (4.4) 又可写成向量方程形式：

$$x_1\alpha_1 + x_2\alpha_2 + \cdots + x_n\alpha_n = b. \tag{4.7}$$

人们关心的是线性方程组解的存在性与唯一性问题，即在什么条件下，线性方程组有解？有多少个解？为解决这两个问题，先从下面一个例子谈起.

**例 18** 解方程组

$$\begin{cases}2x_1 - x_2 + 3x_3 = 1,\\4x_1 - 2x_2 + 5x_3 = 4,\\2x_1 \qquad + 2x_3 = 6.\end{cases}$$

**解** 为方便消元，先将方程组中的第一个方程与第三个方程交换，则得到与原方程组等价的线性方程组



$$\begin{cases}2x_1 \qquad + 2x_3 = 6,\\4x_1 - 2x_2 + 5x_3 = 4,\\2x_1 - x_2 + 3x_3 = 1.\end{cases}$$

它等价于线性方程组

$$\begin{cases}2x_1 \qquad + 2x_3 = 6,\\ \quad -2x_2 + x_3 = -8,\\ \quad -x_2 + x_3 = -5.\end{cases}$$

等价于线性方程组

$$\begin{cases} x_1 \qquad + x_3 = 3, \\ \quad - x_2 + x_3 = -5, \\ \quad -2x_2 + x_3 = -8. \end{cases}$$

等价于线性方程组

$$\begin{cases} x_1 \qquad + x_3 = 3, \\ \quad - x_2 + x_3 = -5, \\ \qquad\quad - x_3 = 2. \end{cases}$$

因此，可得原方程组的解

$$\begin{cases} x_1 \qquad = 5, \\ \quad x_2 \quad = 3, \\ \qquad x_3 = -2. \end{cases}$$



事实上，在例 18 中，所出现的线性方程组对应的增广矩阵之间有下列关系：

$$\bar{A} = (A,\ b) = \begin{bmatrix} 2 & -1 & 3 & 1 \\ 4 & -2 & 5 & 4 \\ 2 & 0 & 2 & 6 \end{bmatrix} \xrightarrow{r_1 \leftrightarrow r_3} \begin{bmatrix} 2 & 0 & 2 & 6 \\ 4 & -2 & 5 & 4 \\ 2 & -1 & 3 & 1 \end{bmatrix} \xrightarrow[r_3 - r_1]{r_2 - 2r_1}$$

$$\begin{bmatrix} 2 & 0 & 2 & 6 \\ 0 & -2 & 1 & -8 \\ 0 & -1 & 1 & -5 \end{bmatrix} \xrightarrow[r_2 \leftrightarrow r_3]{\frac{1}{2}r_1} \begin{bmatrix} 1 & 0 & 1 & 3 \\ 0 & -1 & 1 & -5 \\ 0 & -2 & 1 & -8 \end{bmatrix} \xrightarrow{r_3 - 2r_2}$$

$$\begin{bmatrix}1 & 0 & 1 & 3\\0 & -1 & 1 & -5\\0 & 0 & -1 & 2\end{bmatrix}\xrightarrow[-r_3]{\substack{r_1+r_3\\r_2+r_3\\-r_2}}\begin{bmatrix}1 & 0 & 0 & 5\\0 & 1 & 0 & 3\\0 & 0 & 1 & -2\end{bmatrix}.$$

由此可知，利用加减消元法求解线性方程组的本质就是对线性方程组的增广矩阵进行初等行变换，化成（行）标准形矩阵.

值得注意的是，若将例 18 中第三个方程换为 $2x_1-x_2+4x_3=0$，对其增广矩阵施行初等行变换，则有

$$\bar{A}=\begin{bmatrix}2 & -1 & 3 & 1\\4 & -2 & 5 & 4\\2 & -1 & 4 & 0\end{bmatrix}\xrightarrow{\substack{r_3-r_1\\r_2-2r_1}}\begin{bmatrix}2 & -1 & 3 & 1\\0 & 0 & -1 & 2\\0 & 0 & 1 & -1\end{bmatrix}$$

$$\xrightarrow{r_3+r_2}\begin{bmatrix}2 & -1 & 3 & 1\\0 & 0 & -1 & 2\\0 & 0 & 0 & 1\end{bmatrix},$$

最后一个矩阵对应的方程组为

$$\begin{cases}2x_1-x_2+3x_3=1,\\ \qquad\qquad -x_3=2,\\ \qquad\qquad\ \ 0=1.\end{cases}$$

所以方程组无解.

若将例 18 中第三个方程换为 $2x_1-x_2+4x_3=-1$，对增广矩阵实行初等行变换

$$\bar{A}=\begin{bmatrix}2&-1&3&1\\4&-2&5&4\\2&-1&4&-1\end{bmatrix}\xrightarrow[r_2-2r_1]{r_3-r_1}\begin{bmatrix}2&-1&3&1\\0&0&-1&2\\0&0&1&-2\end{bmatrix}$$

$$\xrightarrow{r_3+r_2}\begin{bmatrix}2&-1&3&1\\0&0&1&-2\\0&0&0&0\end{bmatrix},$$

以最后一个矩阵为增广矩阵的方程组是

$$\begin{cases}2x_1-x_2+3x_3=1,\\ \qquad\qquad x_3=-2,\end{cases}\quad 即\quad\begin{cases}2x_1+3x_3=1+x_2,\\ \qquad\quad x_3=-2.\end{cases}$$

从而 $\begin{cases}x_1=\dfrac{1}{2}x_2+\dfrac{7}{2}\\ x_2=x_2\\ x_3=-2\end{cases}$



对 $x_2$ 的任意一个值，可确定该方程组的一组解，故原方程组有无穷多解 .

由上面例子可知，线性方程组（4.4）的解有三种情况：唯一解、无穷多解、无解 .

利用求解例 18 的思想，并将其一般化，可以得到线性方程组（4.4）有解的充分必要条件 .

**定理** 4　对于线性方程组 $Ax=b$，

（1）有解的充分必要条件是 $R(A)=R(A,b)$；

（2）有唯一解的充分必要条件是 $R(A)=R(A,b)=n$，其中 $n$ 为未知量个数；

（3）有无穷多个解的充分必要条件是 $R(A)=R(A,b)<n$ .

由定理 4 可得出下面推论：

**推论** 对于齐次线性方程组 $Ax=0$，

(1) 有唯一零解的充分必要条件是 $R(A)=n$；

(2) 有无穷多个解的充分必要条件是 $R(A)<n$ .

**例 19** 线性方程组

$$\begin{cases} x_1-2x_2+3x_3-x_4=1, \\ 3x_1-x_2+5x_3-3x_4=2, \\ 2x_1+x_2+2x_3-2x_4=3. \end{cases}$$

是否有解？

**解** 利用初等行变换，求线性方程组的系数矩阵的秩以及增广矩阵的秩.



$$\bar{A}=(A,b)=\begin{bmatrix} 1 & -2 & 3 & -1 & 1 \\ 3 & -1 & 5 & -3 & 2 \\ 2 & 1 & 2 & -2 & 3 \end{bmatrix} \xrightarrow[r_3-2r_1]{r_2-3r_1} \begin{bmatrix} 1 & -2 & -3 & -1 & 1 \\ 0 & 5 & -4 & 0 & -1 \\ 0 & 5 & -4 & 0 & 1 \end{bmatrix}$$

$$\xrightarrow{r_3-r_2} \begin{bmatrix} 1 & -2 & -3 & -1 & 1 \\ 0 & 5 & -4 & 0 & -1 \\ 0 & 0 & 0 & 0 & 2 \end{bmatrix},$$

因为 $R(A)=2\neq 3=R(A,b)$，所以，线性方程组无解.

### 4.4.2 线性方程组的求解方法

在已知线性方程组有解的情况下，怎样求解呢？下面通过几个例子来介绍高斯消元法.

**例 20** 求解线性方程组

$$\begin{cases} x_1 \quad\quad + 2x_3 = 0, \\ 2x_1 + x_2 - x_3 = 0, \\ 3x_1 + x_2 + x_3 = 0. \end{cases} \tag{4.8}$$

**解** 利用初等行变换，将齐次线性方程组的系数矩阵化为（行）标准形矩阵：

$$A = \begin{bmatrix} 1 & 0 & 2 \\ 2 & 1 & -1 \\ 3 & 1 & 1 \end{bmatrix} \xrightarrow{-2\times r_1 + r_2} \begin{bmatrix} 1 & 0 & 2 \\ 0 & 1 & -5 \\ 3 & 1 & 1 \end{bmatrix} \xrightarrow[-1\times r_2 + r_3]{-3\times r_1 + r_3} \begin{bmatrix} 1 & 0 & 2 \\ 0 & 1 & -5 \\ 0 & 0 & 0 \end{bmatrix}.$$



对于方程组 $\begin{cases} x_1 \quad\quad + 2x_3 = 0, \\ \quad\quad x_2 - 5x_3 = 0. \end{cases}$ (4.9)

若取定 $x_3$ 的值，便可求得 $x_1$、$x_2$ 的值．例如，取 $x_3 = 1$，则有 $x_1 = -2$，$x_2 = 5$. 如让 $x_3$（称为自由未知量）取遍所有的实数，则可得到方程组（4.9）的无穷多个解．因此，方程组（4.8）也有无穷多个解，这无穷多个解（即通解）可表示为：

$$\begin{bmatrix} x_1 \\ x_2 \\ x_3 \end{bmatrix} = \begin{bmatrix} -2x_3 \\ 5x_3 \\ x_3 \end{bmatrix} = x_3 \begin{bmatrix} -2 \\ 5 \\ 1 \end{bmatrix} = c \begin{bmatrix} -2 \\ 5 \\ 1 \end{bmatrix},\ c \in \mathbf{R}.$$

**例 21** 解方程组

$$\begin{cases}3x_1-5x_2+x_3-2x_4=0,\\2x_1+3x_2-5x_3+x_4=0,\\-x_1+7x_2-4x_3+3x_4=0,\\4x_1+15x_2-7x_3+9x_4=0.\end{cases}$$

**解** 对齐次线性方程组的系数矩阵 $A$ 作初等行变换：

$$A=\begin{bmatrix}3&-5&1&-2\\2&3&-5&1\\-1&7&-4&3\\4&15&-7&9\end{bmatrix}\xrightarrow{(-1)r_3\leftrightarrow r_1}\begin{bmatrix}1&-7&4&-3\\2&3&-5&1\\3&-5&1&-2\\4&15&-7&9\end{bmatrix}$$

$$\xrightarrow[r_4-4r_1]{\substack{r_2-2r_1\\r_3-3r_1}}\begin{bmatrix}1&-7&4&-3\\0&17&-13&7\\0&16&-11&7\\0&43&-23&21\end{bmatrix}\xrightarrow{r_2-r_3}\begin{bmatrix}1&-7&4&3\\0&1&-2&0\\0&16&-11&7\\0&43&-23&21\end{bmatrix}$$

$$\xrightarrow[r_4-43r_2]{r_3-16r_2}\begin{bmatrix}1&-7&4&3\\0&1&-2&0\\0&0&21&7\\0&0&63&21\end{bmatrix}\xrightarrow{r_4-3r_3}\begin{bmatrix}1&-7&4&3\\0&1&-2&0\\0&0&21&7\\0&0&0&0\end{bmatrix}$$

$$\xrightarrow{r_3 \times \frac{1}{21}} \begin{bmatrix} 1 & -7 & 4 & -3 \\ 0 & 1 & -2 & 0 \\ 0 & 0 & 1 & \frac{1}{3} \\ 0 & 0 & 0 & 0 \end{bmatrix} \xrightarrow[r_2+2r_3]{r_1-4r_3} \begin{bmatrix} 1 & -7 & 0 & -\frac{13}{3} \\ 0 & 1 & 0 & \frac{2}{3} \\ 0 & 0 & 1 & \frac{1}{3} \\ 0 & 0 & 0 & 0 \end{bmatrix}$$

$$\xrightarrow{r_1+7r_2} \begin{bmatrix} 1 & 0 & 0 & \frac{1}{3} \\ 0 & 1 & 0 & \frac{2}{3} \\ 0 & 0 & 1 & \frac{1}{3} \\ 0 & 0 & 0 & 0 \end{bmatrix},$$

 所以方程组系数矩阵的秩 $R(A)=3<4$，且最后一个矩阵的前三行前三列构成了单位矩阵，故第四列对应的未知量 $x_4$ 为自由未知量．$\forall c\in\mathbf{R}$，取 $x_4=c$，得方程组的通解为

$$\begin{cases} x_1 = -\frac{1}{3}x_4 = -\frac{1}{3}c, \\ x_2 = -\frac{2}{3}x_4 = -\frac{2}{3}c, \\ x_3 = -\frac{1}{3}x_4 = -\frac{1}{3}c, \\ x_4 = x_4 = c. \end{cases} \text{或} \begin{bmatrix} x_1 \\ x_2 \\ x_3 \\ x_4 \end{bmatrix} = \begin{bmatrix} -\frac{1}{3}x_4 \\ -\frac{2}{3}x_4 \\ -\frac{1}{3}x_4 \\ x_4 \end{bmatrix} = x_4 \begin{bmatrix} -\frac{1}{3} \\ -\frac{2}{3} \\ -\frac{1}{3} \\ 1 \end{bmatrix} = c \begin{bmatrix} -\frac{1}{3} \\ -\frac{2}{3} \\ -\frac{1}{3} \\ 1 \end{bmatrix}.$$

**例 22** 解方程组

$$\begin{cases}x_1-2x_2+5x_3+x_4=5,\\ 2x_1-x_2+3x_3\qquad=0,\\ x_1-5x_2+12x_3+3x_4=15.\end{cases}$$

**解** 对非齐次线性方程组的增广矩阵 $\bar{A}$ 施行初等行变换：

$$\bar{A}=\begin{bmatrix}1&-2&5&1&5\\2&-1&3&0&0\\1&-5&12&3&15\end{bmatrix}\xrightarrow[r_3-r_1]{r_2-2r_1}\begin{bmatrix}1&-2&5&1&5\\0&3&-7&-2&-10\\0&-3&7&2&10\end{bmatrix}$$

$$\xrightarrow{r_3+r_2}\begin{bmatrix}1&-2&5&1&5\\0&3&-7&-2&-10\\0&0&0&0&0\end{bmatrix}$$

$$\xrightarrow{\frac{1}{3}r_2}\begin{bmatrix}1&-2&5&1&5\\0&1&-\frac{7}{3}&-\frac{2}{3}&-\frac{10}{3}\\0&0&0&0&0\end{bmatrix}$$

$$\xrightarrow{r_1+2r_2}\begin{bmatrix}1&0&\frac{1}{3}&-\frac{1}{3}&-\frac{5}{3}\\0&1&-\frac{7}{3}&-\frac{2}{3}&-\frac{10}{3}\\0&0&0&0&0\end{bmatrix}.$$



显然，$R(\bar{A})=R(A)=2<4$，故方程组有无穷多解．$\forall c_1$，$c_2\in\mathbf{R}$，取 $x_3=c_1$，$x_4=c_2$，则原方程组的通解为

$$\begin{bmatrix} x_1 \\ x_2 \\ x_3 \\ x_4 \end{bmatrix} = \begin{bmatrix} -\frac{5}{3}-\frac{1}{3}x_3+\frac{1}{3}x_4 \\ -\frac{10}{3}+\frac{7}{3}x_3+\frac{2}{3}x_4 \\ x_3 \\ x_4 \end{bmatrix} = \begin{bmatrix} -\frac{5}{3} \\ -\frac{10}{3} \\ 0 \\ 0 \end{bmatrix} + \begin{bmatrix} -\frac{1}{3}x_3 \\ \frac{7}{3}x_3 \\ x_3 \\ 0 \end{bmatrix} + \begin{bmatrix} \frac{1}{3}x_4 \\ \frac{2}{3}x_4 \\ 0 \\ x_4 \end{bmatrix}$$

$$= \begin{bmatrix} -\frac{5}{3} \\ -\frac{10}{3} \\ 0 \\ 0 \end{bmatrix} + c_1\begin{bmatrix} -\frac{1}{3} \\ \frac{7}{3} \\ 1 \\ 0 \end{bmatrix} + c_2\begin{bmatrix} \frac{1}{3} \\ \frac{2}{3} \\ 0 \\ 1 \end{bmatrix}.$$

**例 23** 解方程组



$$\begin{cases} x_1 - x_2 - x_3 + x_4 = 0, \\ x_1 - x_2 + x_3 - 3x_4 = 1, \\ 2x_1 - 2x_2 - 4x_3 + 6x_4 = -1. \end{cases}$$

**解** 对非齐次线性方程组的增广矩阵 $\bar{A}$ 施行初等行变换:

$$\bar{A} = \begin{bmatrix} 1 & -1 & -1 & 1 & 0 \\ 1 & -1 & 1 & -3 & 1 \\ 2 & -2 & -4 & 6 & -1 \end{bmatrix} \xrightarrow[r_3 - 2r_1]{r_2 - r_1} \begin{bmatrix} 1 & -1 & -1 & 1 & 0 \\ 0 & 0 & 2 & -4 & 1 \\ 0 & 0 & -2 & 4 & -1 \end{bmatrix}$$

$$\xrightarrow[r_2 \times \frac{1}{2}]{r_3 + r_2} \begin{bmatrix} 1 & -1 & -1 & 1 & 0 \\ 0 & 0 & 1 & -2 & \frac{1}{2} \\ 0 & 0 & 0 & 0 & 0 \end{bmatrix} \xrightarrow{r_1 + r_2} \begin{bmatrix} 1 & -1 & 0 & -1 & \frac{1}{2} \\ 0 & 0 & 1 & -2 & \frac{1}{2} \\ 0 & 0 & 0 & 0 & 0 \end{bmatrix}.$$

因为 $R(\bar{A}) = R(A) = 2 < 4$，所以，非齐次线性方程组有无穷多个解．由与增广矩阵等价的（行）标准形矩阵可知，$x_2$、$x_4$ 是自由未知量，$\forall c_1$，$c_2 \in \mathbf{R}$，取 $x_2 = c_1$，$x_4 = c_2$，因此，非齐次线性方程组的通解为

$$\begin{bmatrix} x_1 \\ x_2 \\ x_3 \\ x_4 \end{bmatrix} = \begin{bmatrix} x_2 + x_4 + \frac{1}{2} \\ x_2 \\ 2x_4 + \frac{1}{2} \\ x_4 \end{bmatrix} = \begin{bmatrix} x_2 \\ x_2 \\ 0 \\ 0 \end{bmatrix} + \begin{bmatrix} x_4 \\ 0 \\ 2x_4 \\ x_4 \end{bmatrix} + \begin{bmatrix} \frac{1}{2} \\ 0 \\ \frac{1}{2} \\ 0 \end{bmatrix}$$

$$= c_1 \begin{bmatrix} 1 \\ 1 \\ 0 \\ 0 \end{bmatrix} + c_2 \begin{bmatrix} 1 \\ 0 \\ 2 \\ 1 \end{bmatrix} + \begin{bmatrix} \frac{1}{2} \\ 0 \\ \frac{1}{2} \\ 0 \end{bmatrix}.$$



由例 20 至例 23 可得到求解线性方程组的一般步骤：

（1）对给定的线性方程组，写出它的增广矩阵（或系数矩阵），利用初等行变换，将其化为（行）标准形矩阵．

（2）由（行）标准形矩阵求出增广矩阵的秩和系数矩阵的秩，并利用线性方程组的可解条件，对给定的线性方程组是否有解等问题

进行判断.

(3) 当线性方程组有唯一解时，直接写出其解；当线性方程组有无穷多个解时，由（行）标准形矩阵确定自由未知量，利用向量的线性运算，写出其通解.

应该注意的是，（行）标准形矩阵的每个首非零元所在的列对应的未知量都是非自由未知量，其他的未知量都是自由未知量.

## 本章小结

本章主要介绍了矩阵的运算，包括矩阵的线性运算、乘法、转置及矩阵的逆，也介绍了一些特殊的矩阵，如上（下）三角阵、对角矩阵、阶梯形矩阵、（行）标准形矩阵等. 研究了矩阵的两个数值特征，即方阵的行列式与矩阵的秩，并利用矩阵的这些基本理论，讨论了线性方程组的求解问题.



本章的主要问题有：

(1) 矩阵的运算.

在矩阵的运算中，首先应该注意运算的可行性，然后利用矩阵运算的性质求解. 矩阵的乘法运算不满足交换律和消去律，在计算中应该特别注意. 求逆矩阵的有效方法是：构造分块矩阵$(A\quad I)$，对$(A\quad I)$施行初等行变换，化矩阵$(A\quad I)$为（行）标准形矩阵. 在将子块$A$化成单位矩阵的同时，单位矩阵即子块$I$便化成了矩阵$A$的逆矩阵$A^{-1}$.

(2) 计算方阵的行列式.

计算方阵的行列式一般有两种方法：一是利用拉普拉斯展开定理求解. 求解时，应选择含零元素较多的行（列）作为展开行（列）. 二是利用行列式的性质，将给定的行列式化成上（下）三角形行列式，再利用特殊行列式的值计算出所给定的行列式的值.

（3）求矩阵的秩.

利用初等行变换，将所给定的矩阵化为（行）阶梯形矩阵，由矩阵秩的定义，得到所给矩阵的秩.

（4）求线性方程组的解.

求解线性方程组的一般步骤：

①对给定的线性方程组，写出它的增广矩阵（或系数矩阵），利用初等行变换，将其化为（行）标准形矩阵.

②求出增广矩阵的秩和系数矩阵的秩，对给定的线性方程组是否有解等问题进行判断.

③当线性方程组有唯一解时，直接写出其解；当线性方程组有无穷多个解时，写出其通解.

## 习题四



1. 设

$$A=\begin{bmatrix}1 & 2 & 3 & 4\\5 & 6 & 7 & 8\end{bmatrix},\ B=\begin{bmatrix}9 & 10 & 11 & 12\\13 & 14 & 15 & 16\end{bmatrix}.$$

求 $2A-B$.

2. 计算下列乘积：

（1）$\begin{bmatrix}7 & -1\\-2 & 5\\3 & -4\end{bmatrix}\begin{bmatrix}1\\-5\end{bmatrix}$；　　（2）$\begin{bmatrix}1\\2\\3\end{bmatrix}[1\quad 2]$；

(3) $\begin{bmatrix} -1 & 3 & 2 & 5 \end{bmatrix}\begin{bmatrix} 4 \\ 0 \\ 7 \\ -3 \end{bmatrix}$;

(4) $\begin{bmatrix} 2 & 1 & 0 & 4 \\ 1 & -1 & 4 & 3 \end{bmatrix}\begin{bmatrix} 1 & 3 & 1 \\ 0 & -1 & 2 \\ 1 & -3 & 1 \\ 4 & 0 & -2 \end{bmatrix}$.

3. 已知

$$A=\begin{bmatrix} -2 & 4 \\ 1 & -2 \end{bmatrix},\ B=\begin{bmatrix} 2 & 4 \\ -3 & -6 \end{bmatrix},\ C=\begin{bmatrix} -2 & 0 \\ -5 & -8 \end{bmatrix}.$$



求矩阵的积 $AB$、$AC$、$BA$.

4. 设

$$A=\begin{bmatrix} 3 & -2 & 7 \\ 1 & 0 & 4 \\ 6 & 8 & 0 \end{bmatrix},\ B=\begin{bmatrix} -2 & 0 & 1 \\ 5 & -1 & 7 \\ 4 & -2 & 1 \end{bmatrix}.$$

求 $2AB-3A$ 及 $A^{T}B$.

5. 计算

$$\begin{bmatrix} 1 & 2 \\ 0 & 1 \end{bmatrix}^{n}\ (n\text{ 是正整数}).$$

6. 计算下列行列式：

(1) $\begin{vmatrix} 2 & 0 & 0 \\ -1 & 3 & 0 \\ 1 & 5 & -4 \end{vmatrix}$；　(2) $\begin{vmatrix} 0 & 0 & -1 \\ 0 & \frac{1}{2} & 5 \\ 1 & -1 & -2 \end{vmatrix}$；

(3) $\begin{vmatrix} 1 & 2 & 0 & 1 \\ 1 & 3 & 5 & 0 \\ 0 & 1 & 5 & 6 \\ 1 & 2 & 3 & 4 \end{vmatrix}$；　(4) $\begin{vmatrix} 1 & 1 & 1 & 1 \\ 5 & 8 & 6 & 2 \\ 5^2 & 8^2 & 6^2 & 2^2 \\ 5^3 & 8^3 & 6^3 & 2^3 \end{vmatrix}$.

7. 求下列矩阵的秩：

(1) $\begin{bmatrix} 1 & -1 & 2 & 1 & 0 \\ 2 & -2 & 4 & -2 & 0 \\ 3 & 0 & 6 & -1 & 1 \\ 2 & 1 & 4 & 2 & 1 \end{bmatrix}$；

(2) $\begin{bmatrix} 3 & -1 & 6 & 1 & 5 \\ 1 & -2 & 4 & -1 & 3 \\ -1 & 1 & -10 & 5 & -7 \\ 4 & -11 & -2 & 8 & 0 \end{bmatrix}$.

8. 利用矩阵的初等变换，求下列方阵的逆阵：

(1) $\begin{bmatrix} 3 & 1 \\ 8 & 3 \end{bmatrix}$；　(2) $\begin{bmatrix} 3 & -2 & -5 \\ 2 & -1 & -3 \\ -4 & 0 & 1 \end{bmatrix}$.

9. 设

$$B=\begin{bmatrix} 1 & -2 & -1 & -2 \\ 4 & 1 & 2 & 1 \\ 2 & 5 & 4 & -1 \\ 1 & 1 & 1 & 1 \end{bmatrix},$$

问 $B$ 是否可逆？若可逆，求其逆阵 $B^{-1}$.

10. 设矩阵

$$A=\begin{bmatrix}0&2&1\\2&-1&3\\-3&3&-4\end{bmatrix},\quad B=\begin{bmatrix}1&2&3\\2&-3&-4\end{bmatrix}.$$

求矩阵 $X$，使 $XA=B$.

11. 解齐次线性方程组：

(1) $\begin{cases}2x_1+x_2-x_3+x_4=0,\\4x_1+2x_2-2x_3+x_4=0,\\2x_1+x_2-x_3-x_4=0;\end{cases}$



(2) $\begin{cases}x_1+x_2+x_3+4x_4-3x_5=0,\\x_1-x_2+3x_3-2x_4-x_5=0,\\2x_1+x_2+3x_3+5x_4-5x_5=0,\\3x_1+2x_2+5x_3+6x_4-7x_5=0.\end{cases}$

12. 解非齐次线性方程组：

(1) $\begin{cases}2x_1+x_2-x_3=0,\\x_1-3x_2+4x_3=2,\\11x_1-12x_2+17x_3=13;\end{cases}$　　(2) $\begin{cases}x_1+x_2-3x_3-4x_4=1,\\3x_1-x_2+3x_3+4x_4=4,\\x_1+5x_2-9x_3-8x_4=0.\end{cases}$

# 数理逻辑初步

# 5　命题逻辑

逻辑是不可战胜的，因为要反对逻辑还得使用逻辑．

——P. Boutroux

现代数学和数理逻辑已经使下述事情成为可能，即不断在物理和工程中应用数学，而且在工业规划、医学、生物化学、生物物理，甚至于在哲学和语言学问题中应用数学．

——H. F. Fehr

## 5.1　概念

### 5.1.1　概念的定义



概念是反映事物本质属性或特有属性的思维形式．概念来自本质，而本质来自存在．概念的产生是以感性认识为基础，以具体事物

罗素（B. A. W. Rusell，1872—1970）

英国数学家、逻辑学家、哲学家．1872 年5 月18 日生于一个英国自由党贵族家庭．1893 年左右开始研究数学和哲学．他与 A. N. 怀特海合作于 1913 年完成了名著《数学原理》，他在书中提出了所谓逻辑主义的主张：把全部数学归结成逻辑．从而成为逻辑主义的主要代表人物．由于他在推导过程中还必须用到两条非逻辑公理，即选择公理和无穷公理，因而从逻辑推出全部数学是不可能的，罗素晚年时承认了逻辑主义的主张是不可行的．罗素还是一位政治作家和社会活动家．1920 年曾应邀来中国讲学，他盛赞中国的传统文明，并希望中国能创造一种极好的新文化，以弥补西洋文化的不足．他于 1950 年获得诺贝尔文学奖，1960 年创立罗素和平基金会．

为对象的，所以概念具有直观性和个别性；因为概念反映的是事物的本质，所以概念又具有抽象性和普遍性；由于人们对事物的认识是不断深入发展的，所以概念自然也是变化发展的.

数学概念是反映数学对象的本质属性的思维形式，是数学判断、推理、论证的基础. 数学概念的形成过程是对感性材料不断进行加工的过程，是人们的认识不断深化的过程，所以数学概念是经过多级抽象的结果.

概念反映事物的本质属性，同时也反映具有这种本质属性的事物. 这两个方面构成了概念的基本逻辑特征，即概念的内涵和外延.

**1. 概念的内涵与外延**

概念的内涵是指概念所反映的对象的本质特征. 例如，“菱形”这个概念的内涵是“各边相等的四边形”.

概念的外延是指具有概念所反映的本质属性的全体事物.“所有各边相等的四边形的集合”则是“菱形”这个概念的外延. 一般来说，常用集合$\{x \mid P(x)\}$表示一个概念的外延，其中$P(x)$就是这个概念的内涵. 例如，偶数的外延是$\{x \mid x=2n,\ n\in \mathbf{Z}\}$. 

概念的内涵与外延是相互制约的. 如果一个概念的内涵愈少，它的外延就愈大；相反，如果一个概念的内涵愈多，它的外延就愈小. 这就是概念的内涵与外延之间的反变关系. 这种反变关系是对概念进行限制与概括的逻辑基础.

**2. 概念的限制与概括**

概念的限制是通过增加概念的内涵进而缩小其外延的逻辑方法. 例如，在长方形的内涵中增加“边长相等”这一性质就得到正方形. 概念的限制要求对概念增加的内涵与概念原有的内涵是不矛盾的、相容的. 概念的限制适用于把一般概念具体化.

概念的概括是通过减少概念的内涵进而扩大其外延的逻辑方法. 概念的概括可将一个外延较小的概念进行连续概括，得到更一般化的概念.

概念的限制与概括是产生新的概念的逻辑方法，在数学方法论中，它们分别被称为强抽象方法与弱抽象方法.

### 5.1.2 概念间的关系

客观事物之间存在着这样和那样的关系，概念也不例外，概念之间存在着各种各样的关系．概念间的关系就是概念的外延间的关系，它们可分为相容关系和全异关系（不相容关系）.

**1. 相容关系**

如果两个概念的外延 $A$、$B$ 至少有一部分重合，即 $A\cap B\neq\varnothing$，那么就称这两个概念是相容的．概念的相容关系又可分为全同、属种和交叉关系.

全同关系：如果两个概念的外延完全重合，即 $A=B$，那么称这两个概念之间的关系为全同关系或同一关系.



属种关系：如果两个概念中有一个的外延完全包含在另一个的外延之中（即 $A\subset B$ 或 $B\subset A$），那么称这两个概念间的关系为属种关系．外延较大的那个概念叫做属，外延较小的那个概念叫做种.

例如，“连续函数”与“可微函数”之间的关系是属种关系，因为“连续函数”这一概念的外延包含了“可微函数”的外延，因而，“连续函数”是“可微函数”的属，“可微函数”是“连续函数”的种．又如，“矩形”与“正方形”之间的关系是属种关系，“平行四边形”与“菱形”之间的关系是属种关系.

交叉关系：如果两个概念的外延有且只有一部分重合（$A\cap B\neq\varnothing$ 且 $A\cap B\neq A$ 且 $A\cap B\neq B$），那么称这两个概念间的关系为交叉关系.

例如，“菱形”与“矩形”之间的关系是交叉关系，它们外延的交集是“正方形”这一概念的外延．又如，“上三角矩阵”与“下三角矩阵”之间的关系是交叉关系，其交集是“对角矩阵”这一概念的外延.

**2. 全异关系**

在同一概念（外延为 $C$）下的两个概念的外延 $A$、$B$ 间没有任何一部分重合，即 $A\cap B=\varnothing$，那么称这两个概念具有全异关系. 全异关系又叫做不相容关系，它还可分为矛盾关系和反对关系.

矛盾关系：具有全异关系的两个种概念，如果它们的外延之和等于其属概念的外延，即 $A\cup B=C$ 且 $A\cap B=\varnothing$，那么称这两个概念间的关系为矛盾关系.

例如，以“三棱柱”为属，“直三棱柱”与“斜三棱柱”之间的关系是矛盾关系.

反对关系：具有全异关系的两个种概念，如果它们的外延之和小于其属概念的外延，即 $A\cup B\subset C$ 且 $A\cap B=\varnothing$，那么称这两个概念间的关系为反对关系. 反对关系又称为对立关系.

例如，以“实数”为属，“正实数”与“负实数”之间的关系是反对关系.

此外，把同一属概念之下的几个同级种概念之间的关系叫做并列关系. 它可以是两个或多个概念的并列. 例如，以数列为属，“等差数列”与“等比数列”之间的关系是相容的并列关系；而以角为属，正角、负角、零角则是全异的并列关系.

概念间的关系可表示如下：

- 概念间的关系
  - 相容关系
    - 全同关系
    - 属种关系
    - 交叉关系
  - 全异关系
    - 矛盾关系
    - 反对关系

### 5.1.3 定义与划分

**1. 定义的种类**

定义是揭示概念内涵的逻辑方法．给一个概念下定义，就是用简洁、明确的语句将概念所反映的对象的本质属性或特有性质揭示出来.

给一个概念下定义的方法有内涵式、外延式、约定式和递归式，它们都是由下面三个部分构成：①被定义项：概念反映的对象；②定义项：揭示被定义概念内涵的部分；③定义联项：联合被定义项与定义项的部分．

例如，

| 被2整除的数 | 叫做 | 偶数 |
|---|---|---|
| （定义项） | （定义联项） | （被定义项） |

又如，



| 法院 | 是 | 专门行使审判权的国家机关 |
|---|---|---|
| （被定义项） | （定义联项） | （定义项） |

（1）内涵式定义．

属种定义．一个种概念与其他种概念的本质差别称为种差，也就是说，种差是被定义项所具有的，而同一属概念下其他同级种概念不具有的本质或特有性质．属种定义的一般形式为：被定义项 = 种差 + 邻近的属概念．

在运用属种定义时，首先应揭示被定义项的最邻近属概念，换言之，要找到比被定义项的范围更大、外延更广泛的邻近属概念，如果被定义项的属概念有多个，可根据需要，选择其中的一个作为邻近属概念；其次，揭示被定义项的种差，种差是作为种概念的被定义项和在同一属概念下其他同级种概念之间的根本差别；最后，构成定义项和完整的属种定义．

例如，给“商品”下定义．

第一步，找邻近的属概念——劳动产品．

第二步，找种差．交换是商品的本质特征．

第三步，构成定义项，即将种差放在属概念之前，定义项为用来交换的劳动产品．

构成完整的属种定义：商品是用来交换的劳动产品．

根据种差内容的不同，属种定义又可分为性质定义、功用定义、关系定义和发生定义．

性质定义：就是以反映被定义对象的性质为种差的属种定义．

例如，法院是专门行使审判权的国家机关．

功用定义：就是以反映被定义对象的功能或作用作为种差的属种定义．

例如，温度计是用来测量大气温度的物理仪器．

关系定义：就是以反映被定义对象与其他意义明确的对象之间的关系为种差的属种定义．



例如，可以被 2 整除的整数叫做偶数，它属于关系定义，其种差是整数与 2 之间的整除关系．

发生定义：就是以反映被定义对象的产生或形成过程作为种差的属种定义．

例如，球面是以半圆的直径为旋转轴旋转所成的曲面；圆是平面上与一定点等距离的点的轨迹；水分子是由两个氢原子和一个氧原子结合而成的化合物．

（2）外延式定义．

通过指出被定义对象的外延来明确其内涵的定义方式称为外延式定义．对于那些内涵不易被揭示的对象，常常采用这一方法加以定义．外延式定义的一般形式为

$$被定义项 = 种 A_1 + 种 A_2 + \cdots + 种 A_n, n \in \mathbf{N}.$$

例如，有理数和无理数统称为实数；又如，函数的极大值与极小值统称为函数的极值.

(3) 约定式定义.

约定式定义是对下定义的对象的意义作某种明确的约定或说明的定义方式.

例如，规定 $a^0 = 1$，$\int_a^a f(x)\mathrm{d}x = 0$.

(4) 递归式定义.

递归式定义是数学科学中特有的定义方法，在给与自然数有关的数学对象下定义时，常用此方法. 运用递归式定义方法时，首先应给定被定义对象的初始意义，然后明确对象从 $n$ 过渡到 $n+1$ 的方法，这种定义的一般形式是：

若对象 $f(x)$ 在 $\mathbf{N}_0$ 或 $\mathbf{N}$ 上存在：① $f(0) = a$ 或 $f(1) = a$，② $f(n+1) = \varphi(n, f(n))$，则称在 $\mathbf{N}_0$ 或 $\mathbf{N}$ 上定义了对象 $f(x)$.



例如，定义实数的 $n$ 次幂. 设 $a$ 是任意给定的实数，① $a^1 = a$，②假设实数 $a$ 的 $n$ 次幂已定义，那么 $a^{n+1} = a \times a^n$.

**2. 定义的规则**

科学的定义要能正确反映事物的本质属性. 因此，给事物下定义时，必须遵守以下规则：

(1) 定义必须是相应相称的，即要求定义项的外延既不能大于也不能小于被定义项的外延，只能等于被定义项的外延.

(2) 定义项中不得直接或间接地包含被定义项. 如果定义项中包含了被定义项，那么就不能达到明确概念内涵的目的，就会犯“同语反复”或“循环定义”的逻辑错误.

(3) 定义一般要用肯定形式. 运用否定形式下定义，只能说明被定义项没有某种内涵，而不能揭示被定义项有什么样的内涵.

(4) 定义必须清楚、确切．在下定义时，不能运用含糊不清的概念，也不能用比喻来替代定义．

3. **划分**

划分是揭示概念外延的逻辑方法，即按照对象一定的属性，把一个属概念分为若干个全异的种概念．

被划分的属概念叫做划分的母项，从母项中划分出来的种概念叫做划分的子项．作为划分标准的属性叫做划分的根据．因此，划分的母项、划分的子项、划分的根据是划分的三要素．

划分有一种特殊形式——分类，分类是根据对象的本质属性或显著特征所进行的划分．要对一个属概念作出正确的划分，必须遵守以下规则：

(1) 划分必须相应相称，即要求划分的各子项外延之和必须等于母项的外延；

(2) 划分后的各子项应互不相容，即任意两个子项具有全异关系；

(3) 每次划分的根据必须同一，即要求在每一次划分的过程中只能采用同一根据．

用集合的语言，划分可表示如下：

设 $X$ 是母项的外延，$X_1$，$X_2$，…，$X_n$ 分别是各个子项的外延，若

(1) $\bigcup\limits_{i=1}^{n} X_i = X$；

(2) $X_i \cap X_j = \varnothing$，$i \neq j$；$i, j = 1, 2, \cdots, n$.

则称子项 $X_1$，$X_2$，…，$X_n$ 是母项 $X$ 的一个划分．

划分有二分法和非二分法两种．对一个概念可以进行一次划分，也可以进行连续划分．对概念进行分类，可以揭示被分概念的外延以及概念之间的相互关系，正确把握概念，形成完整的概念体系．

# 5.2　命题与命题公式

## 5.2.1　命题

人们通过对思维对象特有属性或本质属性的揭示，从而形成概念. 在认知世界的过程中，人们要在思维的层面上运用概念对所认知、所反映的客观对象，作出一种主观的评价、描述和断定，形成具有肯定或否定意义的思想.

命题就是人们在认知过程中，对思维对象进行肯定或否定断定的思维形式. 这就是说，任何命题要么是真实的，要么是虚假的，不能既是真又是假.

真和假是命题的最基本属性，逻辑学把真和假称为命题的真值. 如果一个命题的意义是真实的，就称它为真命题，用英文字母“$T$”（或1）表示这个真值；如果一个命题的意义是假的，就称它为假命题，用英文字母“$F$”（或0）表示这个真值.



任何命题都必须通过语句表达出来，命题一般用陈述句表达.

**例1**　下述语句都是命题：

（1）海洋的面积比陆地的面积大；

（2）杜甫是伟大的诗人；

（3）有一个自然数大于所有的自然数；

（4）一个人只有贪污，才会犯罪；

（5）2是偶数且3是奇数.

**解**　（1）是真命题；（2）是真命题；（3）是假命题；（4）是假命题；（5）是真命题.

**例2**　下述语句都不是命题：

（1）走，到图书馆去.

(2) 您贵姓?

(3) 校园多美啊!

**解** (1) 是祈使句;(2) 是疑问句;(3) 是感叹句. 它们表达了说话人的请求、疑问和愿望,而不是对事物的直接反映,没有真假. 因此,它们不能表示命题.

如果一个命题不能分解成更简单的命题,则称这个命题为原子命题或简单命题,否则,称这个命题为复合命题. 在例1中,命题(1)、(2)、(3) 是简单命题,而命题 (5) 则是复合命题,因为它能分解成"2是偶数"和"3是奇数"两个简单命题.

通常用大写的英文字母 $P$、$Q$、$R$ 等表示简单命题. 当 $P$ 表示某个特定的命题时,则说 $P$ 是一个命题常元,它的真值就是该特定命题的真值. 当 $P$ 是不确指简单命题时,则称 $P$ 是一个命题变元,它没有真值,它的变化范围(即变域)是简单命题集.

### 5.2.2 联结词



复合命题是由简单命题用联结词联结而成的命题. 例如,命题"张老师或李老师去北京开会"是复合命题,它由简单命题"张老师去北京开会"和"李老师去北京开会"以及联结词"或"构成. 由此可以看出,联结词是构成复合命题的重要组成部分,要研究命题,就必须对联结词作出明确的规定并且符号化.

**1. 否定联结词"¬"**

**定义1** 设 $P$ 为一个命题,$P$ 的否定是一个新的命题,记为 $\neg P$,读作"非 $P$". $\neg P$ 的真值为 $T$ 当且仅当 $P$ 的真值为 $F$.

命题 $P$ 与命题 $\neg P$ 之间的关系如表 5-1 所示.

表 5 - 1　联结词“$\neg P$”的真值表

| $P$ | $\neg P$ |
|---|---|
| $T$ | $F$ |
| $F$ | $T$ |

**例 3**　若 $P$ 表示命题：这个班的学生都学英语．

则 $\neg P$ 表示命题：并非这个班的学生都学英语．

或表示：这个班的学生不都学英语．

“否定”的意义仅是修改了命题的内容，否定一个命题，便产生了一个新的命题．

2. **合取联结词“$\wedge$”**

**定义 2**　两个命题 $P$ 和 $Q$ 的合取是一个复合命题，记作 $P\wedge Q$，读作“$P$ 与 $Q$”，或“$P$ 且 $Q$”．$P\wedge Q$ 的真值为 $T$ 当且仅当 $P$、$Q$ 的真值同时为 $T$.



联结词“$\wedge$”的定义可用表 5 - 2 表示．

表 5 - 2　联结词“$\wedge$”的真值表

| $P$ | $Q$ | $P\wedge Q$ |
|---|---|---|
| $T$ | $T$ | $T$ |
| $T$ | $F$ | $F$ |
| $F$ | $T$ | $F$ |
| $F$ | $F$ | $F$ |

**例 4**　设 $P$ 表示命题：小张歌唱得好；$Q$ 表示命题：小张舞跳得好．

则 $P\wedge Q$ 表示命题：小张歌唱得好并且舞跳得好．

应该注意的是，尽管合取的含义与自然语言中“与”的含义相似，但并不完全相同，在自然语言中，合取联结词“$\wedge$”多半用来表示两种同类事物的并列．

**例 5**　设 $P$ 表示命题：我们去看电影；$Q$ 表示命题：教室里有 30 张课桌．

则 $P\wedge Q$ 表示命题：我们去看电影且教室里有 30 张课桌．

在自然语言中，命题“我们去看电影且教室里有 30 张课桌”是没有意义的，其原因在于命题 $P$ 与 $Q$ 没有内在的联系．但是，在命题逻辑中，它仍然是一个命题，其真值由 $P$、$Q$ 的真值确定．命题逻辑只考虑命题与命题之间的形式关系，而不顾及语句的意义．

3. **析取联结词“$\vee$”**

**定义 3**　两个命题 $P$ 和 $Q$ 的析取是一个复合命题，记作 $P\vee Q$，读作“$P$ 或 $Q$”．$P\vee Q$ 的真值为 $F$ 当且仅当 $P$、$Q$ 的真值同时为 $F$.

联结词“$\vee$”的定义可用表 5－3 表示．



**表 5－3　联结词“$\vee$”的真值表**

| $P$ | $Q$ | $P\vee Q$ |
|---|---|---|
| $T$ | $T$ | $T$ |
| $T$ | $F$ | $T$ |
| $F$ | $T$ | $T$ |
| $F$ | $F$ | $F$ |

析取的含义与自然语言中的“或”的含义也不完全相同．自然语言中的“或”既可表示“排斥或”，又可表示“可兼或”．但是，析取联结词的逻辑意义是指“可兼或”．因此，命题“今晚我在家看电视或去图书馆看书”不能用析取联结词“$\vee$”表示．

**例6**　设 $P$ 表示命题：张朗是100米冠军；$Q$ 表示命题：张朗是200米冠军.

则 $P \vee Q$ 表示命题：张朗是100米冠军或是200米冠军.

**4. 条件联结词“→”**

**定义4**　设 $P$、$Q$ 是两个命题，则 $P \to Q$ 被称为条件命题，读作“若 $P$，则 $Q$”. 当 $P$ 的真值为 $T$ 且 $Q$ 的真值为 $F$ 时，条件命题 $P \to Q$ 的真值为 $F$，否则，它的真值为 $T$.

联结词“→”的定义可用表5－4表示.

**表5－4　联结词“→”的真值表**

| $P$ | $Q$ | $P \to Q$ |
|---|---|---|
| $T$ | $T$ | $T$ |
| $T$ | $F$ | $F$ |
| $F$ | $T$ | $T$ |
| $F$ | $F$ | $T$ |



在条件命题 $P \to Q$ 中，命题 $P$ 称为前件，命题 $Q$ 称为后件. 在自然语言中，条件命题的前件与后件常常是有因果联系的，否则就没有意义. 但在命题逻辑中，只要 $P$、$Q$ 均是命题，即能够分别确定其真值，则 $P \to Q$ 即成为命题.

**例7**　设 $P$ 表示命题：函数 $f(x)$ 在点 $x = x_0$ 处可导；$Q$ 表示命题：函数 $f(x)$ 在点 $x = x_0$ 处连续.

则条件命题 $P \to Q$ 表示：若函数 $f(x)$ 在点 $x = x_0$ 处可导，则函数 $f(x)$ 在点 $x = x_0$ 处连续.

**5. 双条件联结词“↔”**

**定义5**　设 $P$、$Q$ 是两个命题，则 $P \leftrightarrow Q$ 被称为双条件命题，读作

“$P$ 当且仅当 $Q$”. 当 $P$ 和 $Q$ 具有相同的真值时，双条件命题 $P \leftrightarrow Q$ 的真值为 $T$，否则，它的真值为 $F$.

联结词“$\leftrightarrow$”的定义可用表 5－5 表示.

**表 5－5　联结词“$\leftrightarrow$”的真值表**

| $P$ | $Q$ | $P \leftrightarrow Q$ |
|---|---|---|
| $T$ | $T$ | $T$ |
| $T$ | $F$ | $F$ |
| $F$ | $T$ | $F$ |
| $F$ | $F$ | $T$ |

**例 8**　设 $P$ 表示命题：函数 $f(x)$ 在点 $x = x_0$ 处可导；$Q$ 表示命题：函数 $f(x)$ 在点 $x = x_0$ 处可微.

则双条件命题 $P \leftrightarrow Q$ 表示：函数 $f(x)$ 在点 $x = x_0$ 处可导当且仅当函数 $f(x)$ 在点 $x = x_0$ 处可微. 

**例 9**　用符号形式写出下列命题：

（1）张朗和李明都可以参加全国数学建模竞赛；

（2）如果你和他都不固执的话，那么不愉快的事也就不会发生了；

（3）如果你和他不都固执的话，那么不愉快的事也就不会发生了；

（4）晚会上，她唱歌或跳舞.

**解**　（1）这个命题的意义是：张朗可以参加全国数学建模竞赛，并且李明也可以参加全国数学建模竞赛.

若设 $P$：张朗可以参加全国数学建模竞赛；$Q$：李明可以参加全国数学建模竞赛.

则命题可表示为：$P\wedge Q$.

(2) 若设 $P$：你是固执的；$Q$：他是固执的；$R$：不愉快的事发生了.

则该命题可表示为：$(\neg P\wedge\neg Q)\to\neg R$，或 $\neg(P\vee Q)\to\neg R$.

(3) 沿用 (2) 中符号的意义，则命题可表示为：

$$\neg(P\wedge Q)\to\neg R,\ 或(\neg P\vee\neg Q)\to\neg R.$$

(4) 若设 $P$：晚会上，她唱歌；$Q$：晚会上，她跳舞.

则命题可表示为：$P\vee Q$.

### 5.2.3 命题公式

设 $P$ 和 $Q$ 是任意两个命题，由命题联结词可知，$P\wedge Q$，$(P\vee Q)\to P$ 等均是复合命题. 如果 $P$ 和 $Q$ 是命题变元，那么从函数的观点来看，上述各式均是 $P$、$Q$ 的函数，这种"函数"被称为命题公式.



**定义 6** 命题公式是由命题变元、联结词、圆括号按下述规则构成的字符串：

(1) 任何一个命题变元（或常元）都是命题公式.

(2) 如果 $A$ 和 $B$ 是命题公式，则 $(\neg A)$、$(A\wedge B)$、$(A\vee B)$、$(A\to B)$、$(A\leftrightarrow B)$ 均是命题公式.

(3) 只有有限次使用 (1)、(2) 得到的字符串才是命题公式.

这里采用了概念的递归式定义法来定义命题公式，其中 (1) 称为基础，(2) 称为归纳，(3) 称为界限. 它同时指出在一个命题公式形成的过程中，符合 (1)、(2) 的任意一步得到的都是命题公式，称为最终命题公式的子公式.

**例 10** 证明 $((P\wedge Q)\to(\neg(Q\vee R)))$ 是命题公式.

**证** (1) $P$、$Q$、$R$ 是命题公式 [根据定义 6 (1)].

(2) $(P\wedge Q)$ 是命题公式 [根据定义 6 (2)].

(3) $(Q \vee R)$是命题公式［根据定义6 (2)］.

(4) $(\neg (Q \vee R))$是命题公式［根据定义6 (2)］.

(5) $((P \wedge Q) \rightarrow (\neg (Q \vee R)))$是命题公式［根据定义6 (2)、6 (3)］.

在例10中，命题公式 (1) ~ (4) 都是命题公式 (5) 的子公式.

为了减少圆括号的使用次数，简化命题公式，作如下规定：

(1) 联结词运算的优先级从高到低为$\neg$、$\wedge$、$\vee$、$\rightarrow$、$\leftrightarrow$.

(2) 同级联结词先出现（按从左到右的次序）的先运算.

(3) 最外层圆括号可以省去.

例如，命题公式

$$(((\neg ((\neg P) \wedge (\neg Q))) \vee R) \rightarrow (((R \vee P) \vee Q) \vee S)),$$

可简化为

$$\neg (\neg P \wedge \neg Q) \vee R \rightarrow R \vee P \vee Q \vee S.$$

一个含有命题变元的命题公式只是按一定规则组成的字符串，无真、假可言. 所以，就一般情况而言，命题公式不是命题. 只有对命题公式中的所有命题变元分别用确定的命题替代后，命题公式才成为命题，有真值. 而该命题的真值依赖于替换所有命题变元的那些命题的真值.

例如，在命题公式 $P \rightarrow Q$ 中，若用命题“函数$f(x)$在点 $x = x_0$ 处可导”替代命题变元 $P$，用命题“函数$f(x)$在点 $x = x_0$ 处连续”替代命题变元 $Q$，则命题公式 $P \rightarrow Q$ 变成一个真命题“若函数$f(x)$在点 $x = x_0$处可导，则函数$f(x)$在点 $x = x_0$ 处连续”.

# 5.3 命题公式间的关系

本节讨论命题公式间的关系，并由此建立一系列基本定律.

## 5.3.1 命题公式的类型与判定

设命题公式 $A$ 含有 $n$ 个命题变元 $P_1$，$P_2$，…，$P_n$，记 $A \triangleq A(P_1, P_2, \cdots, P_n)$. 如果指定 $n$ 元序偶 $(P_1, P_2, \cdots, P_n)$ 的一组确定的值 $(\widetilde{P}_1, \widetilde{P}_2, \cdots, \widetilde{P}_n)$（其中 $\widetilde{P}_i = T$ 或 $F$，$i=1, 2, \cdots, n$），则 $A$ 有唯一确定的真值. 称命题变元的一组取值 $(\widetilde{P}_1, \widetilde{P}_2, \cdots, \widetilde{P}_n)$ 为命题公式 $A$ 的一个解释. 由于每一个命题变元可分别取值 $T$ 或 $F$，故含有 $n$ 个命题变元的命题公式 $A$ 共有 $2^n$ 个解释. 在每一个解释下，命题公式 $A$ 有确定的真值，称使 $A$ 的真值为 $T$ 的解释为真解释，使 $A$ 的真值为 $F$ 的解释为假解释. 这样，可以将命题公式 $A$ 在所有的解释下的取值情况列成表格，称这种表格为 $A$ 的真值表.



构造命题公式真值表的步骤如下：

（1）找出命题公式的所有命题变元 $P_1$，$P_2$，…，$P_n$（一般按字典序给出），列出所有可能的解释；

（2）按从低到高的顺序写出各层的子公式；

（3）对每一个解释，计算命题公式各层子公式的真值，直到最后计算出命题公式的真值.

**例 11** 写出命题公式 $A$：$\neg P \vee Q \to P \wedge R$ 的真值表.

**解** 命题公式 $A$：$\neg P \vee Q \to P \wedge R$ 的真值表如下（见表 5-6）：

表 5-6

| $P$ | $Q$ | $R$ | $\neg P$ | $\neg P \vee Q$ | $P \wedge R$ | $\neg P \vee Q \to P \wedge R$ |
|---|---|---|---|---|---|---|
| $F$ | $F$ | $F$ | $T$ | $T$ | $F$ | $F$ |
| $F$ | $F$ | $T$ | $T$ | $T$ | $F$ | $F$ |
| $F$ | $T$ | $F$ | $T$ | $T$ | $F$ | $F$ |
| $F$ | $T$ | $T$ | $T$ | $T$ | $F$ | $F$ |
| $T$ | $F$ | $F$ | $F$ | $F$ | $F$ | $T$ |
| $T$ | $F$ | $T$ | $F$ | $F$ | $T$ | $T$ |
| $T$ | $T$ | $F$ | $F$ | $T$ | $F$ | $F$ |
| $T$ | $T$ | $T$ | $F$ | $T$ | $T$ | $T$ |

在表 5-6 中，$(T, F, F)$，$(T, F, T)$，$(T, T, T)$是命题公式 $A$ 的真解释，其余的解释为命题公式 $A$ 的假解释.

这种列真值表的方法是基本的，但书写不太方便. 下面介绍的方法是：按联结词在命题公式中计算的先后次序，将其所对应的子公式的真值写在下面，最后步骤得到的那一列真值就是所给命题公式在相应解释下的真值.

**例 12** 写出 $P \wedge (P \to Q) \to Q$ 的真值表.

**解** $P \wedge (P \to Q) \to Q$ 的真值表如下（见表 5-7）：

表 5-7

| $P$ | $Q$ | $P \wedge (P \to Q) \to Q$ | | |
|---|---|---|---|---|
| $F$ | $F$ | $F$ | $T$ | $T$ |
| $F$ | $T$ | $F$ | $T$ | $T$ |
| $T$ | $F$ | $F$ | $F$ | $T$ |
| $T$ | $T$ | $T$ | $T$ | $T$ |
| | | ② | ① | ③ |

**例 13** 写出$\neg(P\to Q)\wedge Q$的真值表.

**解** $\neg(P\to Q)\wedge Q$的真值表如下（见表 5-8）：

表 5-8

| $P$ | $Q$ | $\neg$ | $(P\to Q)$ | $\wedge Q$ |
|---|---|---|---|---|
| $F$ | $F$ | $F$ | $T$ | $F$ |
| $F$ | $T$ | $F$ | $T$ | $F$ |
| $T$ | $F$ | $T$ | $F$ | $F$ |
| $T$ | $T$ | $F$ | $T$ | $F$ |
| | | ② | ① | ③ |

**定义 7** 给定一个命题公式$A$，

（1）如果对于所有的解释，$A$的真值都为$T$，则称$A$为永真式，也称为重言式；



（2）如果对于所有的解释，$A$的真值都为$F$，则称$A$为永假式，也称为矛盾式；

（3）如果至少存在$A$的一个解释，使得它的真值为$T$，则称$A$为可满足式.

由例 11～13 可知，$\neg P\vee Q\to P\wedge R$是可满足式，$P\wedge(P\to Q)\to Q$是永真式，$\neg(P\to Q)\wedge Q$是永假式. 通常利用真值表对给定的命题公式进行判定.

**例 14** 证明命题公式$P\wedge\neg Q\vee\neg P\vee Q$是永真式.

**证** 命题公式$P\wedge\neg Q\vee\neg P\vee Q$的真值表如下（见表 5-9）：

表 5－9

| $P$ | $Q$ | $P\wedge\neg Q\vee\neg P\vee Q$ |
|---|---|---|
| $F$ | $F$ | $F\ T\ T\ T\ T$ |
| $F$ | $T$ | $F\ F\ T\ T\ T$ |
| $T$ | $F$ | $T\ T\ T\ F\ T$ |
| $T$ | $T$ | $T\ F\ T\ F\ T$ |
| | | ③ ① ④ ② ⑤ |

由表 5－9 可知，$P\wedge\neg Q\vee\neg P\vee Q$ 是永真式．

由定义 7 可知，①永真式与可满足式这两个概念之间的关系是属种关系．永真式一定是可满足式，反之不然．②永假式与可满足式这两个概念之间的关系是矛盾关系．③永假式与永真式这两个概念之间的关系是对立关系．若命题公式 $A$ 是永真式，则$\neg A$ 是永假式；反之，若命题公式 $A$ 是永假式，则$\neg A$ 是永真式．



永真式、永假式、可满足式之间的关系如图 5－1 所示．

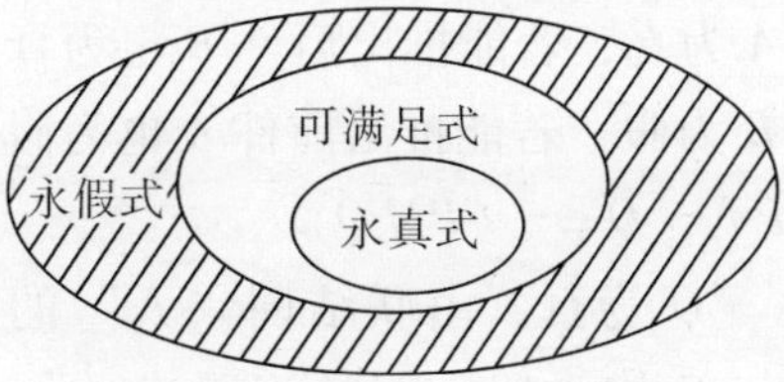


图 5－1

### 5.3.2　蕴含与等价

**定义 8**　设 $A$、$B$ 都是命题公式，若命题公式 $A\to B$ 是一个永真式，则称命题公式 $A$ 蕴含命题公式 $B$，记为 $A\Rightarrow B$，读作“$A$ 蕴含 $B$”．

根据定义 8，利用真值表的方法，能够证明命题公式 $A$ 蕴含 $B$.

**例 15** 证明 $P \wedge Q \Rightarrow P$.

**证** 命题公式 $P \wedge Q \to P$ 的真值表如下（见表 5 - 10）：

**表 5 - 10**

| $P$ | $Q$ | $P \wedge Q \to P$ |
|---|---|---|
| $F$ | $F$ | $F$ $T$ |
| $F$ | $T$ | $F$ $T$ |
| $T$ | $F$ | $F$ $T$ |
| $T$ | $T$ | $T$ $T$ |
| | | ① ② |

由表 5 - 10 可知，命题公式 $P \wedge Q \to P$ 是永真式，由定义 8 有 $P \wedge Q \Rightarrow P$.



根据条件联结词“→”的定义，证明命题公式 $A$ 蕴含 $B$，还可以采用如下方法：

（1）假定前件 $A$ 为真，若能推出后件 $B$ 也为真，则 $A \Rightarrow B$；

（2）假定后件 $B$ 为假，若能推出前件 $A$ 也为假，则 $A \Rightarrow B$.

**例 16** 证明 $\neg P \wedge \neg Q \Rightarrow \neg (P \vee Q)$.

**证** 假定 $\neg P \wedge \neg Q$ 为真，由联结词“∧”的定义有 $\neg P$ 与 $\neg Q$ 均为真，从而有 $P$ 与 $Q$ 均为假，由联结词“∨”的定义，$P \vee Q$ 为假，故 $\neg (P \vee Q)$ 为真，于是有 $\neg P \wedge \neg Q \Rightarrow \neg (P \vee Q)$.

**例 17** 证明 $\neg (P \vee Q) \Rightarrow \neg P \wedge \neg Q$.

**证** 假定 $\neg P \wedge \neg Q$ 为假，则 $\neg P$ 与 $\neg Q$ 中至少有一个为假，不妨设 $\neg P$ 为假，则 $P$ 为真，$P \vee Q$ 也为真，于是有 $\neg (P \vee Q)$ 为假. 因此，$\neg (P \vee Q) \Rightarrow \neg P \wedge \neg Q$.

命题公式间的蕴含关系具有下列性质：

（1）自反性：$A \Rightarrow A$；

（2）传递性：若 $A \Rightarrow B$，$B \Rightarrow C$，则 $A \Rightarrow C$.

**定义 9** 设 $A$、$B$ 都是含有命题变元 $P_1$，$P_2$，…，$P_n$ 的命题公式，若对于这 $n$ 个命题变元的任何一个取值$(\widetilde{P}_1, \widetilde{P}_2, \cdots, \widetilde{P}_n)$ $(\widetilde{P}_i = T$ 或 $F$，$i = 1, 2, \cdots, n)$，$A$ 与 $B$ 的真值相同，则称 $A$ 与 $B$ 等价，记为 $A \Leftrightarrow B$.

由双条件联结词"$\leftrightarrow$"的定义和定义 9 容易得到，命题公式 $A$ 与 $B$ 等价的充分必要条件是命题公式 $A \leftrightarrow B$ 为永真式.

不难证明，命题公式间的等价关系具有下列性质：

（1）自反性：$A \Leftrightarrow A$；

（2）对称性：若 $A \Leftrightarrow B$，则 $B \Leftrightarrow A$；

（3）传递性：若 $A \Leftrightarrow B$，$B \Leftrightarrow C$，则 $A \Leftrightarrow C$.

运用真值表，可以证明两个命题公式等价.



**例 18** 证明 $\neg (P \wedge Q) \Leftrightarrow \neg P \vee \neg Q$.

**证** 命题公式 $\neg (P \wedge Q)$ 与 $\neg P \vee \neg Q$ 的真值表如下（见表 5－11）：

**表 5－11**

| $P$ | $Q$ | $\neg (P \wedge Q)$ | $\neg P \vee \neg Q$ |
|---|---|---|---|
| $F$ | $F$ | $T$ $F$ | $T$ $T$ $T$ |
| $F$ | $T$ | $T$ $F$ | $T$ $T$ $F$ |
| $T$ | $F$ | $T$ $F$ | $F$ $T$ $T$ |
| $T$ | $T$ | $F$ $T$ | $F$ $F$ $F$ |
| | | ② ① | ① ③ ② |

由表 5－11 及定义 9 可知，$\neg (P \wedge Q) \Leftrightarrow \neg P \vee \neg Q$.

**定理 1**　设

(1) $A_1$ 是命题公式 $A$ 的子公式;

(2) $A_2$ 是与 $A_1$ 等价的命题公式;

(3) $B$ 为用 $A_2$ 取代 $A$ 中 $A_1$ 的若干出现所得到的命题公式.

则 $A \Leftrightarrow B$.

这一定理称为置换定理. 它是命题公式运算的基础.

**定理 2**　若 $A \Rightarrow B$, 且 $B \Rightarrow A$, 则 $A \Leftrightarrow B$.

这一定理表明, 命题公式的蕴含关系具有反对称性, 因而可用该定理证明两个命题公式的等价.

例如, 由例 16 得 $\neg P \wedge \neg Q \Rightarrow \neg (P \vee Q)$, 由例 17 得 $\neg (P \vee Q) \Rightarrow \neg P \wedge \neg Q$, 因此由定理 2 有 $\neg (P \vee Q) \Leftrightarrow \neg P \wedge \neg Q$.

### 5.3.3　命题定律

命题定律是命题逻辑推理的基础. 利用真值表方法, 可以证明下列命题定律.



蕴含式:

$I_1$　$P \wedge Q \Rightarrow P$　合取消去规则 $\wedge_-$

$I_2$　$P \wedge Q \Rightarrow Q$

$I_3$　$P \Rightarrow P \vee Q$　析取引入规则 $\vee_+$

$I_4$　$Q \Rightarrow P \vee Q$

等价式:

第一组　联结词化归

$E_1$　$P \rightarrow Q \Leftrightarrow \neg P \vee Q$

$E_2$　$P \leftrightarrow Q \Leftrightarrow (P \rightarrow Q) \wedge (Q \rightarrow P)$　等值引入 (消去) 规则 $\leftrightarrow_-$

第二组　交换律

$E_3$　$P \wedge Q \Leftrightarrow Q \wedge P$

$E_4$　$P \vee Q \Leftrightarrow Q \vee P$

第三组　结合律

$E_5$　$(P \wedge Q) \wedge R \Leftrightarrow P \wedge (Q \wedge R)$

$E_6$　$(P \vee Q) \vee R \Leftrightarrow P \vee (Q \vee R)$

第四组　分配律

$E_7$　$P \wedge (Q \vee R) \Leftrightarrow (P \wedge Q) \vee (P \wedge R)$

$E_8$　$P \vee (Q \wedge R) \Leftrightarrow (P \vee Q) \wedge (P \vee R)$

第五组　否定深入

$E_9$　$\neg (\neg P) \Leftrightarrow P$

$E_{10}$　$\neg (P \wedge Q) \Leftrightarrow \neg P \vee \neg Q$

$E_{11}$　$\neg (P \vee Q) \Leftrightarrow \neg P \wedge \neg Q$

第六组　变元等同

$E_{12}$　$P \wedge P \Leftrightarrow P$

$E_{13}$　$P \vee P \Leftrightarrow P$

$E_{14}$　$P \wedge \neg P \Leftrightarrow F$

$E_{15}$　$P \vee \neg P \Leftrightarrow T$

第七组　常值与变元的联结

$E_{16}$　$P \wedge T \Leftrightarrow P$

$E_{17}$　$P \wedge F \Leftrightarrow F$

$E_{18}$　$P \vee T \Leftrightarrow T$

$E_{19}$　$P \vee F \Leftrightarrow P$

## 5.4　命题逻辑的推理理论

### 5.4.1　推理规则

在命题逻辑中，主要研究复合命题的推理理论，其主要问题是如何构造一个有效的推理和得到有效的结论.

推理是由已知的命题得到新命题的思维过程，它揭示了命题之间的一种关系. 任何一个推理都是由前提和结论两部分组成的，前提就是推理所依据的已知命题，结论则是从前提通过推理得到的新命题.

**定义 10** 设命题公式 $A$、$B$，如果 $A \Rightarrow B$，则说“从 $A$ 推出 $B$”，或者说“$B$ 是前提 $A$ 的结论”. 一般来说，设 $A_1$，$A_2$，…，$A_n$ 和 $B$ 是一些命题公式，如果

$$A_1 \wedge A_2 \wedge \cdots \wedge A_n \Rightarrow B,$$

则称从前提 $A_1$，$A_2$，…，$A_n$ 推出结论 $B$，记为 $A_1, A_2, \cdots, A_n \Rightarrow B$.

**例 19** 根据定义 10 证明 $P \to Q$，$P \Rightarrow Q$.

**证法 1** 命题公式 $(P \to Q) \wedge P \to Q$ 的真值表如下（见表 5－12）：



**表 5－12**

| $P$ | $Q$ | $(P \to Q)$ | $\wedge P$ | $\to Q$ |
|---|---|---|---|---|
| $F$ | $F$ | $T$ | $F$ | $T$ |
| $F$ | $T$ | $T$ | $F$ | $T$ |
| $T$ | $F$ | $F$ | $F$ | $T$ |
| $T$ | $T$ | $T$ | $T$ | $T$ |
| | | ① | ② | ③ |

因为 $(P \to Q) \wedge P \to Q$ 是永真式，所以 $P \to Q$，$P \Rightarrow Q$.

**证法 2** 利用置换定理和命题定律证明.

$$\begin{aligned}(P \to Q) \wedge P \to Q &\Leftrightarrow \neg((P \to Q) \wedge P) \vee Q \\ &\Leftrightarrow \neg(P \to Q) \vee \neg P \vee Q \\ &\Leftrightarrow \neg(\neg P \vee Q) \vee \neg P \vee Q\end{aligned}$$

$$\Leftrightarrow (P \wedge \neg Q) \vee \neg P \vee Q$$

$$\Leftrightarrow (P \vee \neg P) \wedge (\neg Q \vee \neg P) \vee Q$$

$$\Leftrightarrow T \wedge (\neg P \vee \neg Q) \vee Q$$

$$\Leftrightarrow \neg P \vee \neg Q \vee Q$$

$$\Leftrightarrow \neg P \vee T \Leftrightarrow T.$$

因为（$P \to Q$）$\wedge P \to Q$ 是永真式，所以 $P \to Q$，$P \Rightarrow Q$.

为了保证推理是有效的，必须建立一些推理规则．常用的推理规则有：

（1）分离规则．若命题公式 $A$ 和 $A \to B$ 均是永真式，则 $B$ 必为永真式．

（2）$P$ 规则．在推导的任何步骤上都可以引入前提．

（3）$T$ 规则．在推导时，如果前面步骤中有一个或多个命题公式永真蕴含命题公式 $S$，则可以把 $S$ 引入推导过程之中．

（4）$CP$ 规则．如果能从 $R$ 和前提集合 $\Gamma$ 中推导出 $S$ 来，则可以从前提集合 $\Gamma$ 推导出 $R \to S$ 来，即若 $R \wedge \Gamma \Rightarrow S$，则 $\Gamma \Rightarrow R \to S$. 这一规则也称为蕴含引入规则． 

（5）蕴含消去规则 $\to_-$. $P$，$P \to Q \Rightarrow Q$. 这一规则也称为假言推理.

（6）合取引入规则 $\wedge_+$. $P$，$Q \Rightarrow P \wedge Q$.

（7）析取消去规则 $\vee_-$. $\neg P$，$P \vee Q \Rightarrow Q$. 这一规则也称为析取三段论．

（8）假言三段论．$P \to Q$，$Q \to R \Rightarrow P \to R$.

（9）二难推理．$P \vee Q$，$P \to R$，$Q \to R \Rightarrow R$.

（10）拒绝式．$\neg Q$，$P \to Q \Rightarrow \neg P$.

如果推理过程中每一步所得到的结论都是依据推理规则得到的，则称这样的推理有效的．通过有效的推理所得到的结论，称作有效的结论．

因此，一个推理是否有效与前提的真假无关，一个结论是否有效与它自身的真假也没有关系.

如果所有的前提都是真的，那么通过有效的推理所得到的结论也是真的，这样的推理称作合理的推理．合理的推理也称作证明或论证.

### 5.4.2 形式证明

为了描述推理的过程，可以构造一个命题公式序列，其中每一个命题公式或者是已知的，或者是由某些前提所推出的结论，序列中最后一个命题公式就是所要求的结论.

**定义 11**　描述推理过程的命题公式序列称为形式证明.

形式证明可以分为直接证明和间接证明两种.

(1) 直接证明.

直接证明就是由一组前提，利用推理规则，根据已知的等价或蕴含公式，推演得到有效的结论.



**例 20**　证明$\neg(P\wedge\neg Q)$，$\neg Q\vee R$，$\neg R\Rightarrow\neg P$.

**证**

| 步骤 | 命题公式 | 依据 |
|---|---|---|
| (1) | $\neg Q\vee R$ | $P$ 规则 |
| (2) | $\neg R$ | $P$ 规则 |
| (3) | $\neg Q$ | (1)，(2)，$\vee_-$ |
| (4) | $\neg(P\wedge\neg Q)$ | $P$ 规则 |
| (5) | $\neg P\vee Q$ | (4)，$T$ 规则 |
| (6) | $\neg P$ | (3)，(5)，$\vee_-$ |

为了能清晰地表现形式证明的逻辑结构，可以用“证明树”来表示．把前提中的命题公式作为“树叶”，把推导过程中的命题公式作为“结点”，从而形成证明树（见图 5－2）.

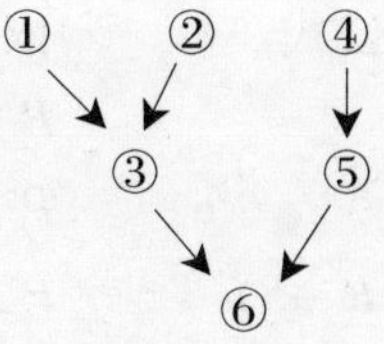


图 5－2

（2）间接证明.

**定义 12** 假设 $A_1$，$A_2$，…，$A_n$ 都是命题公式. 若命题公式 $A_1 \wedge A_2 \wedge \cdots \wedge A_n$ 是可满足式，称公式 $A_1$，$A_2$，…，$A_n$ 是相容的. 否则，称公式 $A_1$，$A_2$，…，$A_n$ 是不相容的.

设有一组前提 $A_1$，$A_2$，…，$A_n$，需要推出结论 $B$，即证明 $A_1$，$A_2$，…，$A_n \Rightarrow B$，记为 $S \Rightarrow B$. 这需论证 $S \rightarrow B$ 为永真式，即 $\neg S \vee B$ 为永真式，亦即 $S \wedge \neg B$ 为永假式.

因此，要证明 $A_1$，$A_2$，…，$A_n \Rightarrow B$ 等价于证明 $A_1$，$A_2$，…，$A_n$ 与 $\neg B$ 是不相容的，这就是常说的矛盾证法或归谬法.



间接证明的另一种形式是：要证明 $A_1$，$A_2$，…，$A_n \Rightarrow P \rightarrow B$ 等价于证明（$A_1 \wedge A_2 \wedge \cdots \wedge A_n$）$\wedge P \Rightarrow B$，这就是演绎定理，或称为 $CP$ 规则.

**例 21** 证明 $P \rightarrow (R \rightarrow S)$，$\neg R \rightarrow \neg P$，$P \Rightarrow S$.

**证法 1**

| 步骤 | 命题公式 | 依据 |
|---|---|---|
| (1) | $P$ | $P$ 规则 |
| (2) | $P \rightarrow (R \rightarrow S)$ | $P$ 规则 |
| (3) | $R \rightarrow S$ | (1)，(2)，$\rightarrow_-$ |
| (4) | $\neg R \rightarrow \neg P$ | $P$ 规则 |
| (5) | $P \rightarrow R$ | $T$ 规则 |
| (6) | $R$ | (1)，(5)，$\rightarrow_-$ |
| (7) | $S$ | (3)，(6)，$\rightarrow_-$ |

**证法 2**

| 步骤 | 命题公式 | 依据 |
| --- | --- | --- |
| (1) | $\neg S$ | $P$ 规则（附加前提） |
| (2) | $P$ | $P$ 规则 |
| (3) | $P\to(R\to S)$ | $P$ 规则 |
| (4) | $R\to S$ | (2)，(3)，$\to_-$ |
| (5) | $\neg R\to\neg P$ | $P$ 规则 |
| (6) | $P\to R$ | $T$ 规则 |
| (7) | $R$ | (2)，(6)，$\to_-$ |
| (8) | $\neg R$ | (1)，(4)，$\to_-$ |
| (9) | $R\wedge\neg R$ | (7)，(8)，$\wedge_+$ |
| (10) | $S$ | 归谬法 |

**例 22** 证明 $P\to(Q\to S)$，$\neg R\vee P$，$Q\Rightarrow R\to S$.

**证**

| 步骤 | 命题公式 | 依据 |
| --- | --- | --- |
| (1) | $\neg R\vee P$ | $P$ 规则 |
| (2) | $R$ | $P$ 规则 |
| (3) | $P$ | (1)，(2)，$\vee_-$ |
| (4) | $P\to(Q\to S)$ | $P$ 规则 |
| (5) | $Q\to S$ | (3)，(4)，$\to_-$ |
| (6) | $Q$ | $P$ 规则 |
| (7) | $S$ | (5)，(6)，$\to_-$ |
| (8) | $R\to S$ | $CP$ 规则 |



**例 23** 某公安人员审查一件盗窃案，已知的事实如下：

(1) 甲或乙盗窃了电视机；

(2) 若甲盗窃了电视机，则作案时间不能发生在午夜前；

(3) 若乙的供词正确，则午夜时屋内灯光未灭；

(4) 若乙的供词不正确，则作案时间发生在午夜前；

(5) 午夜时屋内灯光灭了.

**解** 将已知事实符号化．设 $P$：甲盗窃了电视机；$Q$：乙盗窃了电视机；$R$：作案时间发生在午夜前；$S$：乙的供词正确；$T$：午夜时屋内灯光未灭．

根据已知条件：$P\vee Q$，$P\to\neg R$，$S\to T$，$\neg S\to R$，$\neg T$ 进行推理．

| 步骤 | 命题公式 | 依据 |
|---|---|---|
| (1) | $\neg T$ | $P$ 规则 |
| (2) | $S\to T$ | $P$ 规则 |
| (3) | $\neg S$ | (1)，(2)，$\to_-$ |
| (4) | $\neg S\to R$ | $P$ 规则 |
| (5) | $R$ | (3)，(4)，$\to_-$ |
| (6) | $P\to\neg R$ | $P$ 规则 |
| (7) | $\neg P$ | (5)，(6)，$\to_-$ |
| (8) | $P\vee Q$ | $P$ 规则 |
| (9) | $Q$ | (7)，(8)，$\vee_-$ |

结论：乙盗窃了电视机．

**例 24** 律师甲质询证人乙时，两人有如下对话：

甲：你说的是实话吗？

乙：是的．

甲：你再重复一遍．

乙：好的．被告恐吓了她．被告一恐吓她，她就跑到树丛中躲起来了．她躲在树丛中，她当然看不清被告的脸．她或者看清了被告的脸，或者记不住被告的特征．但是，她记住了被告的特征．

问：证人的证词是否一致？

**解** 将证人的证词形式化，设 $P$：被告恐吓了她；$Q$：她躲在树丛中；$R$：她看不清被告的脸；$S$：她记不住被告的特征．于是前提为：$P$，$P\to Q$，$Q\to R$，$\neg R\vee S$，$\neg S$.

| 步骤 | 命题公式 | 依据 |
|---|---|---|
| (1) | $P$ | $P$ 规则 |
| (2) | $P\to Q$ | $P$ 规则 |
| (3) | $Q$ | (1)，(2)，$\to_-$ |
| (4) | $Q\to R$ | $P$ 规则 |
| (5) | $R$ | (3)，(4)，$\to_-$ |
| (6) | $\neg R\vee S$ | $P$ 规则 |
| (7) | $S$ | (5)，(6)，$\vee_-$ |
| (8) | $\neg S$ | $P$ 规则 |
| (9) | $S\wedge\neg S$ | (7)，(8)，$\wedge_+$ |

形式推理表明，命题公式 $P$，$P\to Q$，$Q\to R$，$\neg R\vee S$，$\neg S$ 是不相容的．因此，证人的证词包含了逻辑矛盾，前后是不一致的．

**例 25** 如果货币供应总量保持现状，而货币需求量增加，则银行利率就会上升．如果货币需求量增加导致银行利率上升，则在银行存款更被看好．主管部门已宣布货币供应总量保持不变．因此，在银行存款更被看好．问：推理有效吗?



**解** 将前提和结论形式化，设 $P$：货币供应总量保持不变；$Q$：货币需求量增加；$R$：银行利率上升；$S$：银行存款更被看好．于是前提为 $P\wedge Q\to R$，$(Q\to R)\to S$，$P$，结论是 $S$.

| 步骤 | 命题公式 | 依据 |
|---|---|---|
| (1) | $\neg S$ | $P$ 规则（附加条件） |
| (2) | $(Q\to R)\to S$ | $P$ 规则 |
| (3) | $\neg(Q\to R)$ | (1)，(2)，$\to_-$ |
| (4) | $Q\wedge\neg R$ | (3)，$T$ 规则 |
| (5) | $Q$ | (4)，$\wedge_-$ |
| (6) | $\neg R$ | (5)，$\wedge_-$ |
| (7) | $P$ | $P$ 规则 |

| | | |
|---|---|---|
| (8) | $P\wedge Q$ | (5)，(7)，$\wedge_+$ |
| (9) | $P\wedge Q\to R$ | $P$ 规则 |
| (10) | $R$ | (8)，(9)，$\to_-$ |
| (11) | $R\wedge\neg R$ | (6)，(11)，$\wedge_+$ |
| (12) | $S$ | 归谬法 |

这个推理是有效的.

**例 26** 如果在线段 $l$ 上存在无穷多个点，那么，如果这些点有长度，则线段 $l$ 将无穷长. 而且，如果这些点都没有长度，则线段 $l$ 也不会有长度. 但是，一条线段既不会无穷长，也不会没有长度. 所以，线段 $l$ 上不会有无穷多个点. 问：推理形式是否正确?

**解** 将前提和结论形式化，设 $P$：线段 $l$ 上存在无穷多个点；$Q$：点有长度；$R$：线段 $l$ 无穷长；$S$：线段 $l$ 有长度. 于是前提为：$P\to(Q\to R)$，$\neg Q\to\neg S$，$\neg R\wedge S$，结论是$\neg P$.

| 步骤 | 命题公式 | 依据 |
|---|---|---|
| (1) | $P$ | $P$ 规则（附加前提） |
| (2) | $P\to(Q\to R)$ | $P$ 规则 |
| (3) | $Q\to R$ | (1)，(2)，$\to_-$ |
| (4) | $\neg Q\to\neg S$ | $P$ 规则 |
| (5) | $\neg S\vee Q$ | (4)，$T$ 规则 |
| (6) | $\neg R\wedge S$ | $P$ 规则 |
| (7) | $S$ | (6)，$\wedge_-$ |
| (8) | $\neg R$ | (6)，$\wedge_-$ |
| (9) | $Q$ | (4)，(7)，$\to_-$ |
| (10) | $R$ | (3)，(9)，$\to_-$ |
| (11) | $R\wedge\neg R$ | (8)，(10)，$\wedge_+$ |
| (12) | $\neg P$ | 归谬法 |

这个推理形式是正确的.

## 本章小结

本章首先对概念进行了讨论，包括概念的内涵与外延、限制与概括，概念间的相互关系以及概念的定义与划分等．其次，基于对命题的分析，给出了命题联结词的定义，进而定义了命题公式；通过对命题公式进行分类，研究了命题公式之间的相互关系——等价与蕴含，得到了命题公式的一些等价式和蕴含式，即命题定律．最后，讨论了命题逻辑的推理规则，给出了形式证明的概念、方法．

本章的主要问题有：

（1）命题的表示．

命题的表示是利用命题逻辑的理论与方法解决实际问题的基础，命题表示的关健是正确理解命题联结词．

（2）命题公式的判定．



命题公式判定的主要方法是真值表方法．

（3）命题公式等价的证明．

证明命题公式等价的常用方法有：

① 利用定义证明，也就是利用真值表的方法进行证明．

② 利用蕴含关系的反对称性证明．

③ 利用命题定律和置换定理证明．

（4）命题公式蕴含的证明．

证明命题公式蕴含的常用方法有：

① 利用定义证明，也就是利用真值表的方法进行证明．

② 根据条件联结词“→”的定义进行证明．假定前件 $A$ 为真，若能推出后件 $B$ 也为真，则 $A\Rightarrow B$，或者，假定后件 $B$ 为假，若能推出前件 $A$ 也为假，则 $A\Rightarrow B$.

③ 利用推理规则和命题定律进行证明，即形式证明．

④ 利用命题定律和蕴含关系的传递性进行证明.

## 习题五

1. 叙述下列命题的否命题:

(1) 所有的大学生会讲英语;

(2) 有些数的平方小于零;

(3) 每个学生都取得了“大学数学”课程的学分.

2. 用符号形式写出下列命题:

(1) 假如上午不下雨,我去登山,否则就在家看书;

(2) 如果张志和李明都不去,小朗就去;

(3) 我们不能既划船又跑步;

(4) 我今天打篮球,除非下雨;

(5) 如果你在,他是否演出就取决于你的伴奏了;

(6) 或者你没有给我发邮件,或者网络出了问题.

3. 如果 $P$ 表示命题“这个星期六天晴”,$Q$ 表示命题“我们去参观叶帅故居”,写出下列命题的含义:

(1) $P \wedge Q$; (2) $P \vee Q$; (3) $P \to Q$;

(4) $\neg P \wedge Q$; (5) $\neg P \wedge \neg Q$; (6) $\neg P \vee \neg Q$.

4. 判定下列公式的类型:

(1) $P \wedge (P \to Q) \to Q$;

(2) $\neg P \wedge (P \vee Q) \to Q$;

(3) $(P \vee Q) \wedge (P \to R) \wedge (Q \to R) \to R$;

(4) $Q \wedge (P \to Q) \to P$.

5. 证明下列等价式:

(1) $P \to (Q \to P) \Leftrightarrow \neg P \to (P \to Q)$;

(2) $(P \to Q) \wedge (R \to Q) \Leftrightarrow P \vee R \to Q$;

(3) $\neg (P \to Q) \Leftrightarrow P \wedge \neg Q$.

6. 证明下列蕴含式:

(1) $P \to Q \Rightarrow P \to (P \wedge Q)$;

(2) $P \to Q \to Q \Rightarrow P \vee Q$;

(3) $Q \to P \wedge \neg P \to (R \to P \wedge \neg P) \Rightarrow R \to Q$.

7. 给定命题公式 $P \to Q$，称 $Q \to P$ 为它的逆换式；称 $\neg P \to \neg Q$ 为它的反换式；称 $\neg Q \to \neg P$ 为它的逆反式.

证明:(1) $P \to Q \Leftrightarrow \neg Q \to \neg P$;

(2) $Q \to P \Leftrightarrow \neg P \to \neg Q$.

8. 设 $P$、$Q$ 是两个命题，

(1) 复合命题 $P \bar{\vee} Q$ 称作 $P$ 与 $Q$ 的不可兼析取，$P \bar{\vee} Q$ 的真值为 $T$ 当且仅当 $P$ 与 $Q$ 的真值不相同. 证明 $P \bar{\vee} Q \Leftrightarrow (P \wedge \neg Q) \vee (\neg P \wedge Q)$.



(2) 复合命题 $P \uparrow Q$ 称作 $P$ 与 $Q$ 的"与非"，$P \uparrow Q$ 的真值为 $F$ 当且仅当 $P$ 与 $Q$ 的真值同为 $T$. 证明 $P \uparrow Q \Leftrightarrow \neg (P \wedge Q)$.

9. 证明下列结论的有效性:

(1) $(P \to Q) \wedge (P \to R)$, $\neg (Q \wedge R)$, $S \vee P \Rightarrow S$;

(2) $P \to Q$, $(\neg Q \vee R) \wedge \neg R$, $\neg (\neg P \wedge S) \Rightarrow \neg S$;

(3) $P \to R$, $\neg R \vee S$, $Q \wedge \neg S \Rightarrow \neg P$;

(4) $\neg P \vee Q$, $\neg Q \vee R$, $R \to S \Rightarrow P \to S$;

(5) $P \vee Q \to R \Rightarrow P \wedge Q \to R$;

(6) $R \to \neg Q$, $R \vee S$, $S \to \neg Q$, $P \to Q \Rightarrow \neg P$;

(7) $S \to \neg Q$, $S \vee R$, $\neg R \Rightarrow \neg Q$.

10. 分析以下推理的有效性:

(1) 如果政府提高工资或提高物价，那么就会有通货膨胀. 如果有通货膨胀，则或者政府限制通货膨胀，或者老百姓经济利益受损.

如果老百姓经济利益受损，那么政府的威信就会降低．政府没有限制通货膨胀并且威信也没有降低．所以，政府没有提高工资．

（2）如果不是张明和李华都不去春游，那么王宏一定去春游．张明决定去春游．因此，王宏一定去春游．

（3）如果我学习，那么我的大学数学不会不及格．如果我不热衷于玩电游，那么我将有时间学习．但我的大学数学不及格．因此我热衷于玩电游．

（4）如果6是偶数，则7被2除尽，或者5不是素数，或7被2除尽，但5是素数．所以6是奇数．

（5）或者是天晴，或者是下雨．如果是天晴，我去登山．如果我去登山，我就不看书．因此，如果我在看书，则天在下雨．

# 6　谓词逻辑

可以毫不夸大地说，变元（量）的发明是数学史上的一个转折点．

——A. Tarski

形式化方法本质上是对一种千百年来众所周知的方法的推广，这种方法就是运算．

——J. M. Bochenski

## 6.1　谓词公式



### 6.1.1　个体词、谓词和量词

#### 1. 个体词、谓词

在谓词逻辑中，原子命题被分解为个体词和谓词两部分．原子命题中表示思维对象的词称为个体词．所谓个体，是指可以独立存在的事物．它可以是一种抽象的概念，也可以是一个具体的事物．

---

德 · 摩根（A. De. Morgan，1806—1871）

英国数学家、逻辑学家，1806 年 6 月 27 日生于印度的马德拉，1823 年入剑桥大学三一学院学习，1827 年毕业，在伦敦大学学院任数学教授，1865 年参加筹备伦敦数学会，并于 1866 年任会长．

他认为：代数学实际上是一系列“运算”，这种运算能在任何符号（不一定是数学）的集合上，根据一定的公设来进行．这一思想使代数得以脱离算术的束缚．在数理逻辑方面，他首创了关系逻辑的研究，并用代数的方法研究逻辑演算，从而突破了古典主谓词逻辑的局限性，这对其后数理逻辑的发展产生了一定的影响．

用来刻画个体的性质或个体之间关系的词称为谓词.

例如，设命题 $P$：张朗是大学生；命题 $Q$：胡燕是大学生. 在这两个原子命题中，“张朗”与“胡燕”都是个体词，“是大学生”是谓词，这个谓词被用来刻画个体的性质.

又如，命题 $R$：胡燕比张朗大 2 岁. “胡燕”和“张朗”是个体词，而谓词是“……比……大 2 岁”，被用来刻画这两个个体之间的关系.

通常，用大写的英文字母表示谓词，用小写的英文字母表示个体词. 若用 $S(x)$ 表示“$x$ 是大学生”，$a$ 表示胡燕，$b$ 表示张朗，则命题 $P$、$Q$ 可以分别表示成 $S(b)$ 与 $S(a)$. 若用 $L(x, y)$ 表示“$x$ 比 $y$ 大 2 岁”，则命题 $R$ 可表示为 $L(a, b)$.

个体词的变化范围称为个体域（或论域），它可以是有限的，也可以是无限的. 以某个个体域为变化范围的变元叫做个体变元，特定的个体变元称为个体常元.



谓词中所包含的个体变元的数目称为谓词的元数，含一个个体变元的谓词称为一元谓词，含 $n$ 个个体变元的谓词称为 $n$ 元谓词. 如 $S(x)$ 是一元谓词，$L(x, y)$ 是二元谓词.

一般而言，一元谓词刻画了个体词的某种特性，而多元谓词则描述了个体词之间的关系. 在多元谓词中，个体词之间的次序很重要，不可随意改变.

一个 $n$ 元谓词可以表示成 $P(x_1, x_2, \cdots, x_n)$，它不是命题，而是一个以个体变元的个体域为定义域，以 $\{T, F\}$ 为值域的 $n$ 元函数，这种函数常称为命题函数，只有将命题函数中的谓词赋予确定的含义，并且给每一个个体变元代之以确定的个体词后，该命题函数才变成一个确定的命题，有确定的真值.

例如，对于二元谓词 $D(x, y)$，设个体域为自然数集，$D(x, y)$ 表示“$x$ 整除 $y$”，指定 $x$ 为 2，$y$ 为 4，则 $D(2, 4)$ 表示命题“2 整除

4”，其真值为 $T$；若指定 $x$ 为 2，$y$ 为 3，则 $D(2, 3)$ 表示命题“2 整除 3”，其真值为 $F$.

若 $P$ 表示某个特定的谓词，则说 $P$ 是一个谓词常元，当 $P$ 不确指某个谓词时，则称 $P$ 是一个谓词变元.

有了谓词的概念和符号表示，就可以更深刻地刻画命题的结构特征和逻辑特征.

**例 1** 用符号形式表示下列命题：

(1) 李芳或张琦都是大学生，且李芳不比张琦小；

(2) 如果李芳是大学生，则张琦比张朗小.

**解** 设一元谓词 $S(x)$ 表示“$x$ 是大学生”，二元谓词 $L(x, y)$ 表示“$x$ 比 $y$ 小”，

$a$ 表示李芳，$b$ 表示张琦，$c$ 表示张朗. 则

(1) 命题可表示为：$(S(a) \vee S(b)) \wedge \neg L(a, b)$；

(2) 命题可表示为：$S(a) \rightarrow L(b, c)$.



**2. 量词**

谓词和个体词还不能完全描述命题，例如：

(1) 球都是圆的；

(2) 任何一个有理数都等于某一个分数；

(3) 有的苹果不是红的；

(4) 有的大学生是党员.

为了更好地研究这些命题，将它们分别改写成：

(1) 对所有的 $x$，如果 $x$ 是球，则 $x$ 是圆的；

(2) 对所有的 $x$，如果 $x$ 是有理数，则 $x$ 等于某个分数；

(3) 有某一个 $x$，$x$ 是苹果且 $x$ 不是红的；

(4) 有某一个 $x$，$x$ 是大学生且 $x$ 是党员.

短语“对所有的”是命题（1）与（2）的共同特征，而短语“有某一个”是命题（3）与（4）的共同特征. 为了准确地描述上述

命题，引入以下符号：

$(\forall x)$：其中符号$(\forall)$称为全称量词，用来表示“对所有的”，或“对任意的”，或“对每一个”等词句，$x$称为作用变元；

$(\exists x)$：其中符号$(\exists)$称为存在量词，用来表示“有某一个”，或“至少存在一个”等词句，$x$称为作用变元.

若设$A(x)$表示“$x$是球”，$B(x)$表示“$x$是圆的”，$C(x)$表示“$x$是大学生”，$D(x)$表示“$x$是党员”，则命题（1）可表示为$(\forall x)(A(x)\to B(x))$，命题（4）可表示为$(\exists x)(C(x)\land D(x))$.

由此可知，当个体域被确定后，一元谓词如果被指定具体的含义，并经过某个量词的作用后，被转化成一个命题. 应该注意的是：

（1）量词本身并不是一个独立的逻辑概念. 当个体域$S$确定后，如令$S=\{a_1, a_2, \cdots, a_n\}$，则可用联结词$\land$，$\lor$表示量词，即对任意的谓词$A(x)$有

$$(\forall x)A(x)\Leftrightarrow A(a_1)\land A(a_2)\land\cdots\land A(a_n),$$
$$(\exists x)A(x)\Leftrightarrow A(a_1)\lor A(a_2)\lor\cdots\lor A(a_n).$$



（2）量词所确定的命题的真值与个体域有关.

例如，用$S(x)$表示$x$是大学生，当个体域是理工大学的职工时，命题$(\forall x)S(x)$的真值为$F$，因为理工大学的职工并非都是大学生；当个体域是汉语言文学专业的学生时，命题$(\forall x)S(x)$的真值为$T$.

（3）在描述命题时，全称量词应作为蕴含的前件，存在量词应作为合取式的一项.

（4）量词的先后次序不可交换.

（5）量词作用于一个不含作用变元的命题（此时，命题中可以含有其他的变元）时，该命题不变，即

$$(\forall x)P(x_1, x_2, \cdots, x_n) \Leftrightarrow P(x_1, x_2, \cdots, x_n),$$
$$(\exists x)P(x_1, x_2, \cdots, x_n) \Leftrightarrow P(x_1, x_2, \cdots, x_n).$$

**例 2** 把下列命题形式化：

（1）有些有理数不是实数；

（2）没有有理数是实数；

（3）数列$\{a_n\}$是单调增加数列；

（4）对一切实数 $x$、$y$ 均有 $x+y=y+x$；

（5）有实数 $x$，使得 $xy=y$ 对一切实数 $y$ 成立；

（6）如果整数不是奇数，那么它就是偶数；

（7）没有不犯错误的人；

（8）尽管有人聪明，但未必一切人都聪明．

**解** （1）限定论域为实数集，设谓词 $Q(x)$：$x$ 是有理数；$R(x)$：$x$ 是实数．则命题可表示为 $(\exists x)(Q(x)\land\neg R(x))$.



（2）该命题可等价表述为：对所有的 $x$，若 $x$ 是有理数，则 $x$ 不是实数．谓词与（1）相同，于是，命题可表示为 $(\forall x)(Q(x)\to\neg R(x))$.

（3）限定论域为自然数集，设谓词 $L(x, y)$：$x$ 小于或等于 $y$. 则命题可表示为$(\forall n)L(a_n, a_{n+1})$.

（4）在论域为实数时，直接运用数学中的谓词“=”，于是命题可表示为 $(\forall x)(\forall y)(x+y=y+x)$.

（5）设论域是实数集，引入谓词 $P(x, y, z)$：$xy=z$，则命题可表示为 $(\exists x)(\forall y)P(x, y, y)$.

（6）设论域为整数集，引入谓词 $O(x)$：$x$ 是奇数；$E(x)$：$x$ 是偶数．则命题可表示为 $(\forall x)(\neg O(x)\to E(x))$.

（7）设 $P(x)$：$x$ 是人（特性谓词）；$Q(x)$：$x$ 犯错误．则命题可表示为$(\forall x)(P(x)\to Q(x))$或 $\neg((\exists x)(P(x)\land\neg Q(x)))$.

（8）设 $P(x)$：$x$ 是人（特性谓词）；$Q(x)$：$x$ 是聪明的．则命题可表示为 $(\exists x)(P(x)\wedge Q(x))\wedge\neg((\forall x)(P(x)\rightarrow Q(x)))$．

**例3**　给定谓词 $P(x)$：$x$ 是素数；$E(x)$：$x$ 是偶数，$O(x)$：$x$ 是奇数；$D(x, y)$：$x$ 整除 $y$．把下列命题译成自然语言：

（1）$(\forall x)(D(2, x)\rightarrow E(x))$；

（2）$(\exists x)(E(x)\wedge D(x, 6))$；

（3）$(\forall x)(O(x)\rightarrow(\forall y)(P(y)\rightarrow\neg D(x, y)))$．

**解**　（1）能被 2 整除的数是偶数；

（2）有整除 6 的偶数；

（3）任何奇数都不整除任何素数．

## 6.1.2　谓词公式

称不能再分解的 $n$ 元谓词变元 $P(x_1, x_2, \cdots, x_n)$ 为原子谓词公式．当 $n=0$ 时，$P$ 则表示命题变元，即原子命题公式．所以说命题逻辑是谓词逻辑的特殊情形．从原子谓词公式出发，由命题联结词等可以构成谓词公式．

**定义1**　谓词公式按下列规则构成：

（1）原子谓词公式是谓词公式；

（2）若 $A$，$B$ 是谓词公式，则 $(\neg A)$，$(A\wedge B)$，$(A\vee B)$，$(A\rightarrow B)$，$(A\leftrightarrow B)$ 都是谓词公式；

（3）若 $A$ 是谓词公式，$x$ 是任意的个体变元，且 $A$ 中不含 $(\forall x)$ 或 $(\exists x)$，则 $(\forall x)A$ 和 $(\exists x)A$ 都是谓词公式；

（4）当且仅当有限次使用规则（1）至（3）所得的公式才是谓词公式．

例如，字符串 $(\forall x)P(y)$，$(\forall x)(P(x)\vee Q(y))$，$P\vee(\exists x)(A(x)\rightarrow B(x))$ 都是谓词公式．

在命题逻辑中关于圆括号的使用规定在谓词逻辑中仍然有效．

在谓词公式中，紧接于量词之后的最小子公式叫做量词的辖域，在量词$(\forall x)$、$(\exists x)$辖域内的变元$x$叫做约束变元.

例如，在谓词公式$(\exists x)(P(x, y)\to Q(x, y))\vee R(y, z)$中，量词$(\exists x)$的辖域为$P(x, y)\to Q(x, y)$，$x$是约束变元，$y$和$z$都不是约束变元，即$y$和$z$都是自由变元.

又如，在谓词公式$(\forall x)P(x)\to Q(x)$中，量词的辖域为$P(x)$，而变元$x$既是约束变元，又是自由变元.

这就给问题的研究带来不便，因而希望一个个体变元在某个谓词公式中仅以一种身份出现，为此，给出换名规则.

约束变元换名规则：

（1）将量词中的作用变元以及该量词辖域中的全部约束变元都用新的个体变元替代；

（2）新变元在原谓词公式中不出现.

自由变元换名规则：



（1）将谓词公式中所有自由变元用新的个体变元替代；

（2）新个体变元在原谓词公式中不出现.

例如，将谓词公式$G$：$(\forall x)(P(x)\wedge(\exists x)Q(x))\vee((\forall x)P(x)\to Q(x))$中所有的约束变元换名.

先将第一个量词$(\forall x)$的辖域中约束变元$x$换名，用$y$替代约束变元$x$，则谓词公式$G$为

$$(\forall y)(P(y)\wedge(\exists x)Q(x))\vee((\forall x)P(x)\to Q(x)).$$

再将第二个量词$(\forall x)$辖域中的约束变元$x$换为个体变元$z$，换名后谓词公式$G$为

$$(\forall y)(P(y)\wedge(\exists x)Q(x))\vee((\forall z)P(z)\to Q(x)).$$

最后将量词$(\exists x)$辖域中的约束变元$x$换为个体变元$w$，换名后谓词公式$G$为

$$(\forall y)(P(y)\wedge(\exists w)Q(w))\vee((\forall z)P(z)\rightarrow Q(x)).$$

## 6.2 谓词公式间的关系

在命题逻辑中，为了构造一个有效的推理，建立了一系列命题定律．同样，在谓词逻辑中，为了构造一个有效的推理，也需要建立关于谓词公式的基本定律．

### 6.2.1 谓词公式的类型

一般而言，由于谓词公式含有谓词变元、个体变元、命题变元等，所以谓词公式在某个解释下的真值依赖于个体变元取值的个体域、个体常元的值、谓词符号的含义以及命题变元的取值等，因此，谓词公式解释的构成也更为复杂． 

对于谓词公式$G$的任一解释$I$，相应地得到一个命题，记为$G_I$，并称$G_I$的真值为谓词公式$G$在解释$I$下的真值，若谓词公式$G$在解释$I$下的真值为$T(F)$，则称$I$是$G$的真（假）解释．

下面通过具体的例子来说明怎样求谓词公式在指定解释$I$下的真值．

**例4**　给定谓词公式$G$：$(\forall x)(\exists y)P(x,y)$，取解释$I$如下：

（1）$D=\{1,2\}$．

（2）定义$D$上的二元谓词$P(x,y)$为

| $P(1,\ 1)$ | $P(1,\ 2)$ | $P(2,\ 1)$ | $P(2,\ 2)$ |
|---|---|---|---|
| $T$ | $T$ | $F$ | $F$ |

求 $G$ 在解释 $I$ 下的真值.

**解** 因为 $D=\{1,\ 2\}$，则在解释 $I$ 下有

$$(\forall x)(\exists y)P(x,\ y)\Leftrightarrow(\exists y)P(1,\ y)\wedge(\exists y)P(2,\ y)\Leftrightarrow (P(1,\ 1)\vee P(1,\ 2))\wedge(P(2,\ 1)\vee P(2,\ 2)).$$

由谓词 $P(x,\ y)$ 的定义知，$P(1,\ 1)$ 为 $T$，$P(1,\ 2)$ 为 $T$，$P(2,\ 1)$ 为 $F$，$P(2,\ 2)$ 为 $F$，所以 $(P(1,\ 1)\vee P(1,\ 2))\wedge(P(2,\ 1)\vee P(2,\ 2))$ 为 $F$，从而 $G$ 在解释 $I$ 下的真值为 $F$.

**例 5** 给定谓词公式 $G$：$(\forall x)(P(x)\to Q(f(x),\ a))$，取解释 $I$ 如下：



(1) $D=\{1,\ 2\}$，$a=1$；

(2) 定义在 $D$ 上的函数 $f$：$f(1)=2$，$f(2)=1$；

(3) 定义在 $D$ 上的谓词 $P(x)$ 和 $Q(x)$ 分别为

| $P(1)$ | $P(2)$ |
|---|---|
| $F$ | $T$ |

| $Q(1,\ 1)$ | $Q(1,\ 2)$ | $Q(2,\ 1)$ | $Q(2,\ 2)$ |
|---|---|---|---|
| $T$ | $T$ | $F$ | $F$ |

求 $G$ 在解释 $I$ 下的真值.

**解** 因为

$$(\forall x)(P(x)\to Q(f(x),\ a))\Leftrightarrow(P(1)\to Q(f(1),\ 1))\wedge(P(2)\to Q(f(2),\ 1))$$

由谓词 $P(x)$、$Q(x)$ 和函数 $f(x)$ 的定义可知，命题 $P(1)\to Q(f(1), 1)$ 为 $T$，命题 $P(2)\to Q(f(2), 1)$ 为 $T$，所以命题 $(P(1)\to Q(f(1), 1))\land(P(2)\to Q(f(2), 1))$ 为 $T$，从而谓词公式 $G$ 在解释 $I$ 下的真值为 $T$.

**定义 2** 设 $G$ 是一个谓词公式，

（1）如果对于所有的解释，$G$ 的真值都为 $T$，则称 $G$ 为永真式；

（2）如果对于所有的解释，$G$ 的真值都为 $F$，则称 $G$ 为永假式；

（3）如果至少存在 $G$ 的一个解释，使得它的真值为 $T$，则称 $G$ 为可满足式.

**例 6** 证明谓词公式 $G$：$(\forall x)(\forall y)(P(x, y)\land Q(x, y)\to P(x, y))$ 是永真式.

**证** 对于 $G$ 的任何一个解释 $I$，因为 $P(x, y)$，$Q(x, y)$ 均为命题，且命题 $P(x, y)\land Q(x, y)\to P(x, y)$ 的真值为 $T$，因此，在解释 $I$ 下，$G$ 的真值为 $T$. 由解释 $I$ 的任意性及定义 2 可知，谓词公式 $G$ 是永真式.



## 6.2.2 等价与蕴含

**定义 3** 设 $A$、$B$ 是两个谓词公式，

（1）若对谓词公式 $A$ 与 $B$ 的任何一个解释，谓词公式 $A\leftrightarrow B$ 是永真式，则称 $A$ 与 $B$ 等价，记为 $A\Leftrightarrow B$；

（2）若对谓词公式 $A$ 与 $B$ 的任何一个解释，谓词公式 $A\to B$ 是永真式，则称 $A$ 蕴含 $B$，记为 $A\Rightarrow B$.

不难证明，谓词公式的等价与蕴含关系具有下列性质：

（1）自反性：$A\Leftrightarrow A$，$A\Rightarrow A$；

（2）对称性：若 $A\Leftrightarrow B$，则 $B\Leftrightarrow A$；

（3）反对称性：若 $A\Rightarrow B$，且 $B\Rightarrow A$，则 $A\Leftrightarrow B$；

（4）传递性：若 $A\Leftrightarrow B$，$B\Leftrightarrow C$，则 $A\Leftrightarrow C$；

若 $A\Rightarrow B$，$B\Rightarrow C$，则 $A\Rightarrow C$.

**例 7** 证明$(\forall x)A(x)\vee(\forall x)B(x)\Rightarrow(\forall x)(A(x)\vee B(x))$.

**证** 设论域为 $D$，对谓词公式$(\forall x)A(x)\vee(\forall x)B(x)$与$(\forall x)(A(x)\vee B(x))$的任何一个解释 $I$，如果$(\forall x)(A(x)\vee B(x))$的真值为 $F$，则存在 $a\in D$，使得 $A(a)\vee B(a)$为 $F$. 于是在解释 $I$ 下，命题 $A(a)$与 $B(a)$的真值均为 $F$，从而$(\forall x)A(x)$与$(\forall x)B(x)$的真值均为 $F$，所以在解释 $I$ 下，$(\forall x)A(x)\vee(\forall x)B(x)$的真值为 $F$. 由解释 $I$ 的任意性有

$$(\forall x)A(x)\vee(\forall x)B(x)\Rightarrow(\forall x)(A(x)\vee B(x)).$$

**例 8** 证明 $\neg(\forall x)P(x)\Leftrightarrow(\exists x)\neg P(x)$.

**证** 对$\neg(\forall x)P(x)$与$(\exists x)\neg P(x)$的任何一个在论域 $D$ 上的解释 $I$，如果$\neg(\forall x)P(x)$的真值为 $T$，则$(\forall x)P(x)$的真值为 $F$，从而存在 $a\in D$，使得 $P(a)$的真值为 $F$，即$\neg P(a)$的真值为 $T$，亦即$(\exists x)\neg P(x)$的真值为 $T$. 从而有



$$\neg(\forall x)P(x)\Rightarrow(\exists x)\neg P(x).$$

同理可证：$(\exists x)\neg P(x)\Rightarrow\neg(\forall x)P(x)$.
因此有 $\neg(\forall x)P(x)\Leftrightarrow(\exists x)\neg P(x)$.

**定理** 设

（1）谓词公式 $A$ 的子公式 $A_1(x_1, x_2, \cdots, x_n)$与谓词公式 $A_2(x_1, x_2, \cdots, x_n)$等价；

（2）用谓词公式$A_2(x_1, x_2, \cdots, x_n)$替代谓词公式 $A$ 中的子公式 $A_1(x_1, x_2, \cdots, x_n)$后所得到的谓词公式记为 $B$.

则 $A\Leftrightarrow B$.

这一定理称为置换定理. 利用置换定理证明谓词公式的等价是一

种重要的方法，其证明过程就像证明代数式的恒等变换一样.

**例9** 证明$\neg(\forall x)(P(x)\wedge Q(x))\Leftrightarrow(\exists x)(\neg P(x)\vee\neg Q(x))$.

**证** $\neg(\forall x)(P(x)\wedge Q(x))\Leftrightarrow(\exists x)\neg(P(x)\wedge Q(x))$

$\Leftrightarrow(\exists x)(\neg P(x)\vee\neg Q(x))$.

### 6.2.3 量词定律

与量词有关的谓词公式的等价式、蕴含式称为量词定律. 现将常用的量词定律罗列如下:

**1. 量词转换律**

$$\neg(\forall x)A(x)\Leftrightarrow(\exists x)\neg A(x),$$
$$\neg(\exists x)A(x)\Leftrightarrow(\forall x)\neg A(x).$$

**2. 量词辖域的扩张与收缩律**



$$(\forall x)A(x)\wedge P\Leftrightarrow(\forall x)(A(x)\wedge P),$$
$$(\forall x)A(x)\vee P\Leftrightarrow(\forall x)(A(x)\vee P),$$
$$P\rightarrow(\forall x)A(x)\Leftrightarrow(\forall x)(P\rightarrow A(x)),$$
$$(\exists x)A(x)\wedge P\Leftrightarrow(\exists x)(A(x)\wedge P),$$
$$(\exists x)A(x)\vee P\Leftrightarrow(\exists x)(A(x)\vee P),$$
$$P\rightarrow(\exists x)A(x)\Leftrightarrow(\exists x)(P\rightarrow A(x)).$$

其中$P$是不含约束变元$x$的谓词公式.

**3. 量词分配律**

$$(\forall x)(A(x)\wedge B(x))\Leftrightarrow(\forall x)A(x)\wedge(\forall x)B(x),$$
$$(\exists x)(A(x)\vee B(x))\Leftrightarrow(\exists x)A(x)\vee(\exists x)B(x).$$

4. **其他等价式**

$$(\forall x)A(x)\rightarrow P\Leftrightarrow(\exists x)(A(x)\rightarrow P),$$
$$(\exists x)A(x)\rightarrow P\Leftrightarrow(\forall x)(A(x)\rightarrow P),$$
$$(\exists x)(A(x)\rightarrow B(x))\Leftrightarrow(\forall x)A(x)\rightarrow(\exists x)B(x).$$

其中 $P$ 是不含约束变元 $x$ 的谓词公式.

## 6.3 谓词逻辑的推理理论

在谓词逻辑中，要进行正确的推理，就必须构造一个结构严谨的形式证明. 因此，也就要求给出一些相应的推理规则.

命题逻辑中所使用的推理规则，都可以应用于谓词逻辑的推理中. 除此之外，由于谓词逻辑中引进了个体词、谓词、量词等，因此又增加了一些推理规则. 下面介绍谓词逻辑特有的推理规则.



1. **约束变元换名规则**

(1) 将量词中的作用变元以及该量词辖域中的全部约束变元都用新的个体变元替代;

(2) 新变元在原谓词公式中不出现.

2. **自由变元换名规则**

(1) 将谓词公式中所有自由变元用新的个体变元替代;

(2) 新个体变元在原谓词公式中不出现.

3. **置换规则**

设

(1) 谓词公式 $A$ 的子公式 $A_1(x_1, x_2, \cdots, x_n)$ 与谓词公式 $A_2(x_1, x_2, \cdots, x_n)$ 等价;

(2) 用谓词公式 $A_2(x_1, x_2, \cdots, x_n)$ 替代谓词公式 $A$ 中的子公式

$A_1(x_1, x_2, \cdots, x_n)$后所得到的谓词公式记为 $B$.
则 $A \Leftrightarrow B$.

4. **全称指定规则** *US*

$$(\forall x)A(x) \Rightarrow A(x_0),$$

其中 $x_0$ 是个体域中的任一特定的个体.

5. **存在指定规则** *ES*

$$(\exists x)A(x) \Rightarrow A(x_0),$$

其中 $x_0$ 是个体域中的某一特定的个体.

注意：*ES* 规则的使用条件是 $x_0$ 必须是在前面的推理中没有出现过. 也就是说，其一，在给定的所有前提中，$x_0$ 都不是自由的；其二，在前面的任何推导步骤上，$x_0$ 也不是自由的.



6. **全称推广规则** *UG*

$$A(x) \Rightarrow (\forall x)A(x),$$

其中 $x$ 是个体域中的任一个体.

7. **存在推广规则** *EG*

$$A(x_0) \Rightarrow (\exists x)A(x),$$

其中 $x_0$ 是个体域中某个个体.

例 10　证明$(\forall x)(P(x)\to Q(x))\wedge P(c)\Rightarrow Q(c)$.

| 证　步骤 | 公式 | 依据 |
| --- | --- | --- |
| (1) | $(\forall x)(P(x)\to Q(x))$ | $P$ 规则 |
| (2) | $P(c)\to Q(c)$ | (1)，$US$ |
| (3) | $P(c)$ | $P$ 规则 |
| (4) | $Q(c)$ | (2)，(3)，$\to_-$ |

例 11　证明$(\exists x)(P(x)\wedge Q(x))\Rightarrow(\exists x)P(x)\wedge(\exists x)Q(x)$.

| 证　步骤 | 公式 | 依据 |
| --- | --- | --- |
| (1) | $(\exists x)(P(x)\wedge Q(x))$ | $P$ 规则 |
| (2) | $P(c)\wedge Q(c)$ | (1)，$ES$ |
| (3) | $P(c)$ | (2)，$\wedge_-$ |
| (4) | $Q(c)$ | (2)，$\wedge_-$ |
| (5) | $(\exists x)P(x)$ | (3)，$EG$ |
| (6) | $(\exists x)Q(x)$ | (3)，$EG$ |
| (7) | $(\exists x)P(x)\wedge(\exists x)Q(x)$ | (5)，(6)，$\wedge_+$ |



例 12　证明$(\forall x)(P(x)\vee Q(x))$，$(\forall x)\neg P(x)\Rightarrow(\exists x)Q(x)$.

| 证　步骤 | 公式 | 依据 |
| --- | --- | --- |
| (1) | $(\forall x)(P(x)\vee Q(x))$ | $P$ 规则 |
| (2) | $P(a)\vee Q(a)$ | (1)，$US$ |
| (3) | $(\forall x)\neg P(x)$ | $P$ 规则 |
| (4) | $\neg P(a)$ | (3)，$US$ |
| (5) | $Q(a)$ | (2)，(4)，$\vee_-$ |
| (6) | $(\exists x)Q(x)$ | (5)，$EG$ |

例 13　证明 $(\forall x)(P(x)\vee Q(x))$，$(\forall x)(Q(x)\to\neg R(x))$，$(\forall x)R(x)\Rightarrow(\forall x)P(x)$.

| 证　步骤 | 公式 | 依据 |
| --- | --- | --- |
| (1) | $(\forall x)(Q(x)\to\neg R(x))$ | $P$ 规则 |

| | | |
|---|---|---|
| (2) | $Q(a)\to\neg R(a)$ | (1), $US$ |
| (3) | $(\forall x)R(x)$ | $P$ 规则 |
| (4) | $R(a)$ | (3), $US$ |
| (5) | $\neg Q(a)$ | (4), $\to_-$ |
| (6) | $(\forall x)(P(x)\vee Q(x))$ | $P$ 规则 |
| (7) | $P(a)\vee Q(a)$ | (6), $US$ |
| (8) | $P(a)$ | (5), (7), $\vee_-$ |
| (9) | $(\forall x)P(x)$ | (8), $UG$ |

**例 14** 所有有理数是实数，某些有理数是整数，因此某些实数是整数.

**证** 论域为实数集，设 $R(x)$：$x$ 是实数；$Q(x)$：$x$ 是有理数；$Z(x)$：$x$ 是整数. 则前提与结论可分别表示为：

$H$：$(\forall x)(Q(x)\to R(x))$，$(\exists x)(Q(x)\wedge Z(x))$；

$C$：$(\exists x)(R(x)\wedge Z(x))$.

| 步骤 | 公式 | 依据 |
|---|---|---|
| (1) | $(\exists x)(Q(x)\wedge Z(x))$ | $P$ 规则 |
| (2) | $Q(a)\wedge Z(a)$ | (1), $ES$ |
| (3) | $(\forall x)(Q(x)\to R(x))$ | $P$ 规则 |
| (4) | $Q(a)\to R(a)$ | (3), $US$ |
| (5) | $Q(a)$ | (2), $\wedge_-$ |
| (6) | $Z(a)$ | (2), $\wedge_-$ |
| (7) | $R(a)$ | (4), (5), $\to_-$ |
| (8) | $R(a)\wedge Z(a)$ | (6), (7), $\wedge_+$ |
| (9) | $(\exists x)(R(x)\wedge Z(x))$ | (8), $UG$ |

## 本章小结

本章首先对构成命题的个体词、谓词、量词进行了讨论，举例说明了命题的表示方法，并定义了谓词公式．其次，基于对谓词公式解释的分析，得到了谓词公式的分类，研究了谓词公式之间的相互关系，即等价与蕴含，得到了谓词公式的一些等价式和蕴含式，特别是含有量词的等价式与蕴含式，即量词定律．最后，讨论了谓词逻辑的推理规则，给出了形式证明的方法．

本章的主要问题有：

（1）命题的表示．

命题的表示是利用数理逻辑的理论与方法解决实际问题的基础，命题表示的关键在于正确理解命题联结词和量词．



（2）求谓词公式在某个解释下的值．

求解这一问题的理论基础是命题联结词．

（3）谓词公式等价的证明．

证明谓词公式等价的主要方法有：

① 利用蕴含关系的反对称性证明；

② 利用命题定律、量词定律和置换定理证明．

（4）谓词公式蕴含的证明．

证明谓词公式蕴含的主要方法有：

① 根据条件联结词“→”的定义进行证明．假定前件 $A$ 为真，若能推出后件 $B$ 也为真，则 $A \Rightarrow B$，或者，假定后件 $B$ 为假，若能推出前件 $A$ 也为假，则 $A \Rightarrow B$.

② 利用推理规则、命题定律和量词定律进行证明，即形式证明．

## 习题六

1. 求下列谓词公式的真值：

(1) $(\forall x)(P(x)\vee Q(x))$，其中，$P(x)$：$x=1$；$Q(x)$：$x=2$. 个体域是$\{1,2\}$.

(2) $(\forall x)(P\rightarrow Q(x))\vee R(a)$，其中，$P$：$3>-2$；$Q(x)$：$x\leqslant 3$；$R(x)$：$x>5$，$a=3$. 个体域是$\{-2,3,4,6\}$.

(3) $(\exists x)(P(x)\rightarrow Q(x))\wedge T$，其中，$P(x)$：$x>1$；$Q(x)$：$x=1$. $T$是永真式，个体域是$\{1,2\}$.

2. 将下列命题符号化：

(1) 没有一个奇数是偶数；

(2) 火车都比某些汽车快；

(3) 某些汽车慢于所有火车，但至少有一辆火车快于每一辆汽车；

(4) 假如明天天气好，有些学生将去春游；

(5) 有人自私，但并非所有的人都自私；

(6) 谁努力奋斗，谁就会成功.

3. 给定谓词$P(x)$：$x$是素数；$E(x)$：$x$是偶数；$D(x,y)$：$x$整除$y$. 将下列各命题用自然语言表达：

(1) $E(2)\wedge P(2)$；

(2) $(\forall x)(\neg E(x)\rightarrow\neg D(2,x))$；

(3) $(\forall x)(E(x)\rightarrow(\forall y)(D(x,y)\rightarrow E(y))$；

(4) $(\forall x)(P(x)\rightarrow(\exists y)(E(y)\wedge D(x,y))$.

4. 给定解释$I$如下：

$D=\{1,2\}$，$a=1$，$b=2$；函数$f$：$f(1)=2$，$f(2)=1$；谓词$P(x,y)$定义为

| $P(1,1)$ | $P(1,2)$ | $P(2,1)$ | $P(2,2)$ |
| --- | --- | --- | --- |
| $T$ | $T$ | $F$ | $F$ |

求下列谓词公式在解释 $I$ 下的真值：

（1）$P(a, f(a)) \wedge P(b, f(b))$；

（2）$(\forall x)(\exists y)P(y, x)$；

（3）$(\forall x)(\forall y)(P(x, y) \rightarrow P(f(x), f(y)))$.

5. 确定谓词公式在相应解释下的真值：

（1）$(\forall x)(P(x) \vee Q(x))$，其中解释为 $D=\{1, 2\}$；$P(x)$：$x=1$；$Q(x)$：$x=2$.

（2）$(\forall x)(P \rightarrow Q(x)) \vee R(a)$，其中解释为 $D=\{-2, 3, 6\}$，$a=3$；$P$：$2>1$；$Q(x)$：$x \leqslant 3$；$R(x)$：$x>5$.

（3）$(\exists x)(P(x) \rightarrow Q(x)) \wedge T$，其中解释为 $D=\{1\}$；$P(x)$：$x>2$；$Q(x)$：$x=0$.



6. 证明下列谓词公式均为永真式：

（1）$(\exists x)(P(x) \wedge Q(x)) \rightarrow (\exists x)P(x) \wedge (\exists x)Q(x)$；

（2）$(\forall x)P(x) \vee (\forall x)Q(x) \rightarrow (\forall x)(P(x) \vee Q(x))$.

7. 证明：

（1）$(\forall x)(\exists y)(P(x) \vee Q(y)) \Leftrightarrow (\forall x)P(x) \vee (\exists y)Q(y)$；

（2）$(\forall x)(\forall y)(P(x) \rightarrow Q(y)) \Leftrightarrow (\exists x)P(x) \rightarrow (\forall y)Q(y)$.

8. 证明：

（1）$\neg((\exists x)P(x) \wedge Q(a)) \Rightarrow (\exists x)P(x) \rightarrow \neg Q(a)$；

（2）$(\forall x)(P(x) \vee Q(x))$，$(\forall x)\neg P(x) \Rightarrow (\forall x)Q(x)$；

（3）$(\forall x)(P(x) \rightarrow Q(x) \wedge R(x))$，$(\exists x)P(x) \Rightarrow Q(y) \wedge (\exists x)(P(x) \wedge R(x))$；

（4）$(\forall x)(P(x) \rightarrow Q(y)) \Rightarrow (\forall x)P(x) \rightarrow (\forall x)Q(x)$.

9. 证明：

(1) $(\exists x)(\forall y)\neg(y>z) \Leftrightarrow (\exists x)\neg(\exists y)(y>z)$；

(2) $(\exists x)(\forall y)((y>x)\vee\neg(y>0)) \Leftrightarrow (\exists x)(\forall y)((y>0)\rightarrow(y>x))$.

10. 检验下列推理的有效性：

(1) 某些三角函数是周期函数，某些周期函数是连续的，所以，某些三角函数是连续的；

(2) 某些三角函数不是周期函数，有些周期函数是连续的，所以，所有三角函数都不连续；

(3) 任何人如果他喜欢步行，他就不喜欢乘汽车，每一个人或者喜欢乘汽车或者喜欢骑自行车，有的人不爱骑自行车，因而有的人不爱步行；

(4) 只有公民才是选民，并非所有的居民都是公民，所以，有的居民不是选民；

(5) 一个人如果害怕困难，那么他就不会获得成功，所有的人或者是成功者或者是失败者，存在没有失败的人，所以，存在不害怕困难的人.

# 习题参考答案

## 习题一

1. (1) $D_f = \{x \mid x \in (-\infty, 1) \cup (1, +\infty)\}$;

(2) $D_f = \{x \mid x \in [-\frac{3}{2}, +\infty)\}$;

(3) $D_f = \{x \mid x \in (-\infty, -2) \cup (-2, 2) \cup (2, +\infty)\}$;

(4) $D_f = \{x \mid x \in (-\infty, -3] \cup [3, +\infty)\}$;

(5) $D_f = \{x \mid x \in [-2, -1) \cup (-1, 1) \cup (1, +\infty)\}$;

(6) $D_f = \{x \mid x \in [-1, 0) \cup (0, 1]\}$;

(7) $D_f = \{x \mid x \in (-4, 4)\}$;



(8) $D_f = \{x \mid x \in (-\infty, -2) \cup (-2, 1) \cup (1, +\infty)\}$;

(9) $D_f = \{x \mid x \in [0, +\infty)\}$;

(10) $D_f = \{x \mid x \in (-1, +\infty)\}$;

(11) $D_f = \{x \mid x \in [-1, 0]\}$;

(12) $D_f = \{x \mid x \in (-\infty, 0) \cup (0, +\infty)\}$.

3. $f(0) = \arcsin 0 = 0$; $f(-1) = \arcsin(-1) = -\frac{\pi}{2}$;

$f(\frac{\sqrt{3}}{2}) = \arcsin \frac{\sqrt{3}}{2} = \frac{\pi}{3}$; $f(-\frac{\sqrt{2}}{2}) = -\arcsin \frac{\sqrt{2}}{2} = -\frac{\pi}{4}$;

$f(1) = \arcsin 1 = \frac{\pi}{2}$.

5. (1) $y = \sin^2 x$, $y(x_1) = \sin^2 \frac{\pi}{6} = \frac{1}{4}$, $y(x_2) = \sin^2 \frac{\pi}{3} = \frac{3}{4}$;

(2) $y=\sin 2x$，$y(x_1)=\sin\dfrac{\pi}{4}=\dfrac{\sqrt{2}}{2}$，$y(x_2)=\sin\dfrac{\pi}{2}=1$；

(3) $y=\sqrt{1+x^2}$，$y(x_1)=\sqrt{1+1}=\sqrt{2}$，

$y(x_2)=\sqrt{1+4}=\sqrt{5}$；

(4) $y=e^{x^2}$，$y(x_1)=e^0=1$，$y(x_2)=e^1=e$；

(5) $y=e^{2x}$，$y(x_1)=e^2$，$y(x_2)=e^{-2}=\dfrac{1}{e^2}$.

6. (1) $y=\sqrt{u}$，$u=5x-1$；(2) $y=2\sqrt[3]{u}$，$u=1+x$；

(3) $y=u^5$，$u=1+v$，$v=\ln x$；(4) $y=e^u$，$u=-x^2$；

(5) $y=\sqrt{u}$，$u=\ln v$，$v=\sqrt{x}$；

(6) $y=u^2$，$u=\lg v$，$v=\arccos w$，$w=x^3$.

7. (1) 0；(2) 4；(3) 4；(4) 0；(5) 0；(6) 1.

8. $\lim\limits_{x\to1^-}f(x)=3$，$\lim\limits_{x\to1^+}f(x)=3$，$\lim\limits_{x\to1}f(x)=3$.

9. $\dfrac{2}{x^2+1}$ $(x\to\infty)$，$3^{-x}$ $(x\to+\infty)$ 是无穷小量；

$3+\dfrac{1}{x}$ $(x\to0)$，$\dfrac{1}{3^x}$ $(x\to-\infty)$ 是无穷大量.

10. $\lim\limits_{x\to0^-}f(x)=1$，$\lim\limits_{x\to0^+}f(x)=1$，$\lim\limits_{x\to0}f(x)=1$；

$\lim\limits_{x\to0^-}g(x)=-1$，$\lim\limits_{x\to0^+}g(x)=1$，$\lim\limits_{x\to0}g(x)$不存在.

11. (1) $y=\dfrac{x+1}{x-1}$当$x\to1$时为无穷大量，$y=\dfrac{x+1}{x-1}$当$x\to-1$时为无穷小量；

(2) $y=\ln x$ 当$x\to+\infty$或$x\to0^+$时为无穷大量，$y=\ln x$ 当$x\to1$时为无穷小量；

(3) $y=\dfrac{x+2}{x^2}$当$x\to0$时为无穷大量，$y=\dfrac{x+2}{x^2}$当$x\to-2$或$x\to\infty$时为无穷小量.

13. (1) $-2$; (2) 3; (3) 0; (4) 0; (5) 0;

(6) 3; (7) $2x$; (8) 2; (9) $\frac{2}{3}$; (10) 0;

(11) 6; (12) $\frac{2}{3}$; (13) 2; (14) $-1$; (15) 5;

(16) 9; (17) 3; (18) e; (19) $e^2$; (20) $e^2$.

14. (1) $2\sqrt{2}$; (2) 1; (3) $\frac{1}{4}$; (4) 2; (5) $-2$; (6) 0.

15. $f(x)$在点 $x_0=0$ 处连续.

## 习题二

1. (1) $10-g-\frac{1}{2}g\Delta t$; (2) $10-g$;

(3) $10-gt_0-\frac{1}{2}g\Delta t$; (4) $10-gt_0$.



2. $-6$.

3. $a$.

4. 在点 $x=0$ 处连续，但不可导.

5. (1) 切线方程为：$y-\frac{\sqrt{3}}{2}=\frac{1}{2}(x-\frac{\pi}{3})$；

法线方程为：$y-\frac{\sqrt{3}}{2}=-2(x-\frac{\pi}{3})$ .

(2) 切线方程为：$y-1=\frac{1}{e}(x-e)$；

法线方程为：$y-1=-e(x-e)$ .

(3) 切线方程为：$y-\frac{1}{2}=-\frac{\sqrt{3}}{2}(x-\frac{\pi}{3})$；

法线方程为：$y-\frac{1}{2}=\frac{2\sqrt{3}}{3}(x-\frac{\pi}{3})$.

6. (1) $6x^5+15x^2-3$; (2) $\tan x+x\sec^2 x$; (3) $\frac{x\cos x-\sin x}{x^2}$;

(4) $x^2\sin x$; (5) $\frac{1}{x}(1-\frac{3}{2\ln 2})$; (6) $-\frac{2}{x(1+\ln x)^2}$;

(7) $2x-\frac{5}{2}x^{-\frac{7}{2}}-3x^{-4}$; (8) $\frac{2}{(x+1)^2}$; (9) $\sqrt{\varphi}\,(\frac{\sin\varphi}{2\varphi}+\cos\varphi)$;

(10) $\frac{\cos t+\sin t+1}{(1+\cos t)^2}$.

7. $x-y+1=0$, $x+y-1=0$.

8. (1) $y'\big|_{x=\frac{\pi}{6}}=\frac{1}{2}$, $y'\big|_{x=\frac{\pi}{4}}=0$; (2) $\frac{d\rho}{d\varphi}\Big|_{\varphi=\frac{\pi}{4}}=\frac{\sqrt{2}}{2}(1+\frac{\pi}{4})$;

(3) $f'(4)=-\frac{1}{18}$; (4) $y'\big|_{x=0}=\frac{3}{25}$, $y'\big|_{x=2}=\frac{17}{15}$.

9. (1) $12(3x+2)^3$; (2) $3x^2\cos(x^3)$;

(3) $\sin 2x$; (4) $-\frac{1}{2\sqrt{x}}\sin\sqrt{x}$;

(5) $3(v+1)\sqrt{v^2+2v+\sqrt{2}}$; (6) $\frac{\sqrt{1-t^2}}{(1+t)(1-t)^2}$;

(7) $-2a\omega\sin 2(2\omega t+\varphi)$; (8) $\frac{\cos x}{2\sqrt{1+\sin x}}$;

(9) $\frac{2}{(2x-1)\ln 10}$; (10) $\frac{\ln x}{x\sqrt{1+\ln^2 x}}$;

(11) $4\sin 2x(1+\sin^2 x)^3$; (12) $\frac{x\cos\sqrt{1+x^2}}{\sqrt{1+x^2}}$;

(13) $\frac{-x\sin x^2}{\sqrt{\cos x^2}}$; (14) $\frac{1}{x\ln x\ln(\ln x)}$;

(15) $\frac{2x+1}{(x^2+x+1)\ln a}$; (16) $-\frac{7\sin 7x}{\sqrt{1+\cos 7x}}$;

(17) $\dfrac{3+4x^2}{x(1+x^2)}$; (18) $n\sin^{n-1}t\cos(n+1)t$;

(19) $-4\csc^2 x\cot x$; (20) $\dfrac{1}{\sqrt{1+x^2}}$;

(21) $\arcsin\dfrac{x}{2}+\dfrac{x}{\sqrt{4-x^2}}$; (22) $\arccos x$.

10. (1) $4-\dfrac{1}{x^2}$; (2) $9e^{3x+1}$;

(3) $-2\sin x-x\cos x$; (4) $\dfrac{4}{(1+x)^3}$;

(5) $2\arctan x+\dfrac{2x}{1+x^2}$; (6) $\dfrac{6x(2x^3-1)}{(1+x^3)^3}$;

(7) $y''(0)=2$; (8) $y''(\dfrac{\pi}{4})=4$.

11. (1) $(n+x)e^x$; (2) $\cos(x+n\cdot\dfrac{\pi}{2})$;

(3) $\dfrac{(-1)^n(n-2)!}{x^{(n-1)}}\ (n\geqslant 2)$.

14. (1) $2(2x+\dfrac{\ln x}{x})dx$; (2) $(\sin 2x+2x\cos 2x)dx$;

(3) $2xe^{2x}(1+x)dx$;

(4) $e^{-x}\ [\sin(3-x)-\cos(3-x)]dx$;

(5) $\begin{cases}\dfrac{dx}{\sqrt{1-x^2}}, & -1<x<0,\\ -\dfrac{dx}{\sqrt{1-x^2}}, & 0<x<1;\end{cases}$

(6) $8x\sec^2(1+2x^2)\tan(1+2x^2)dx$.

15. (1) 1; (2) 2; (3) $\cos a$; (4) $-\dfrac{3}{5}$;

(5) $\frac{m}{n}a^{m-n}$； (6) $\frac{1}{2}$； (7) 1； (8) 1；

(9) 1； (10) $-1$； (11) $\frac{1}{2}$； (12) $\frac{1}{2}$；

(13) 1； (14) 1.

16. (1) 1，但不能用洛必达法则求出这个极限；

(2) 1，但不能直接用洛必达法则求出这个极限.

17. (1) $f(1)=4$ 是极大值，$f(3)=0$ 是极小值；

(2) $f(-1)=2$ 是极大值，$f(1)=-2$ 是极小值；

(3) $f(\frac{\pi}{6})=\frac{3}{4}$，$f(\frac{5\pi}{6})=\frac{3}{4}$是极大值，$f(\frac{\pi}{2})=\frac{1}{2}$是极小值.

18. (1) 最大值为 142，最小值为 7；

(2) 最大值为 5，最小值为 1；

(3) 最大值为$\frac{1}{2}$，最小值为 0；

(4) 最大值为$\frac{5}{4}$，最小值为 $-5+\sqrt{6}$.



19. 当长方体的底面边长为 6 米、高为 3 米时，所用材料最省.

20. 生产 50 000 个单位时获得的利润最大.

## 习题三

1. (1) $-\frac{1}{x}+C$； (2) $\frac{2}{7}x^3\sqrt{x}+C$；

(3) $-\frac{3}{4x\sqrt[3]{x}}+C$； (4) $\frac{2}{7}x^3\sqrt{x}-\frac{10}{3}x\sqrt{x}+C$；

(5) $-\frac{1}{5}\cos 5x+C$； (6) $\frac{2}{3}\ln|5+3x|+C$；

(7) $x-\arctan x+C$； (8) $\frac{1}{2}(x+\sin x)+C$；

(9) $-e^{\frac{1}{x}}+C$;　(10) $-2\cos\sqrt{t}+C$;

(11) $2\sqrt{x-1}-2\arctan\sqrt{x-1}+C$;

(12) $6\sqrt[6]{x}-6\arctan\sqrt[6]{x}+C$;

(13) $-x\cos x+\sin x+C$;　(14) $\frac{x^3\ln x}{3}-\frac{1}{9}x^3+C$;

(15) $\frac{x^2}{2}\arctan x-\frac{1}{2}x+\frac{1}{2}\arctan x+C$;

(16) $\frac{1}{2}e^x(\sin x-\cos x)+C$.

2. (1) $\frac{1}{4}$;　(2) $a^3-\frac{a^2}{2}+a$;　(3) $2\frac{5}{8}$;　(4) $45\frac{1}{6}$;

(5) $\frac{\pi}{6}$;　(6) $\frac{\pi}{3}$;　(7) $\ln 2$;　(8) 2;

(9) 10;　(10) 1.

3. (1) $\frac{1}{3}(e^3-1)$;　(2) $\sqrt{e}-1$;　(3) $\frac{13}{3}$;

(4) 0;　(5) $\frac{51}{512}$;　(6) $\frac{1}{4}$;

(7) $\frac{\pi}{6}-\frac{\sqrt{3}}{8}$;　(8) $\frac{1}{6}$;　(9) $1-2\ln 2$;

(10) $1-\frac{\pi}{4}$.

4. (1) $e-2$;　(2) $\pi^2-4$;　(3) $\frac{e^2+1}{4}$;

(4) $\frac{e^2+1}{4}$;　(5) $8\ln 2-4$;　(6) $\frac{\pi}{4}-\frac{1}{2}$;

(7) $\frac{1}{2}(e^{\frac{\pi}{2}}-1)$;　(8) $\frac{1}{2}(e\sin 1-e\cos 1+1)$.

5. (1) $\frac{1}{3}$;　(2) $\frac{1}{6}$;　(3) 1;

(4) $10\frac{2}{3}$;　(5) $\frac{3}{2}-\ln 2$;　(6) $\frac{32}{3}$.

6. (1) 9 987.5;　(2) 19 750.

## 习题四

1. $2A-B=\begin{bmatrix}-7 & -6 & -5 & -4\\ -3 & -2 & -1 & 0\end{bmatrix}$.

2. (1) $\begin{bmatrix}12\\ -27\\ 23\end{bmatrix}$; (2) $\begin{bmatrix}1 & 2\\ 2 & 4\\ 3 & 6\end{bmatrix}$; (3) $-5$; (4) $\begin{bmatrix}18 & 5 & -4\\ 17 & -8 & -3\end{bmatrix}$.

3. $AB=\begin{bmatrix}-16 & -32\\ 8 & 16\end{bmatrix}$, $AC=\begin{bmatrix}-16 & -32\\ 8 & 16\end{bmatrix}$, $BA=\begin{bmatrix}0 & 0\\ 0 & 0\end{bmatrix}$.

4. $2AB-3A=\begin{bmatrix}15 & -18 & -29\\ 25 & -16 & -2\\ 38 & -40 & 124\end{bmatrix}$, $A^{T}B=\begin{bmatrix}23 & -13 & 16\\ 36 & -16 & 6\\ 6 & -4 & 35\end{bmatrix}$.



5. $\begin{bmatrix}1 & 2\\ 0 & 1\end{bmatrix}^{n}=\begin{bmatrix}1 & 2n\\ 0 & 1\end{bmatrix}$.

6. (1) $-24$; (2) $\frac{1}{2}$; (3) $-21$; (4) 432.

7. (1) $R(A)=3$; (2) $R(A)=3$.

8. (1) $\begin{bmatrix}3 & -1\\ -8 & 3\end{bmatrix}$; (2) $\begin{bmatrix}\frac{1}{3} & -\frac{2}{3} & -\frac{1}{3}\\ -\frac{10}{3} & \frac{17}{3} & \frac{1}{3}\\ \frac{4}{3} & -\frac{8}{3} & -\frac{1}{3}\end{bmatrix}$.

9. 不可逆.

10. $\begin{bmatrix}2 & -1 & -1\\ -4 & 7 & 4\end{bmatrix}$.

11. (1)

$$\begin{bmatrix} x_1 \\ x_2 \\ x_3 \\ x_4 \end{bmatrix} = \begin{bmatrix} -\frac{1}{2}x_2 + \frac{1}{2}x_3 \\ x_2 \\ x_3 \\ 0 \end{bmatrix} = \begin{bmatrix} -\frac{1}{2}x_2 \\ x_2 \\ 0 \\ 0 \end{bmatrix} + \begin{bmatrix} \frac{1}{2}x_3 \\ 0 \\ x_3 \\ 0 \end{bmatrix} = c_1 \begin{bmatrix} -\frac{1}{2} \\ 1 \\ 0 \\ 0 \end{bmatrix} + c_2 \begin{bmatrix} \frac{1}{2} \\ 0 \\ 1 \\ 0 \end{bmatrix};$$

(2)

$$\begin{bmatrix} x_1 \\ x_2 \\ x_3 \\ x_4 \\ x_5 \end{bmatrix} = \begin{bmatrix} -7x_4 + 4x_5 \\ 0 \\ 3x_4 - x_5 \\ x_4 \\ x_5 \end{bmatrix} = x_4 \begin{bmatrix} -7 \\ 0 \\ 3 \\ 1 \\ 0 \end{bmatrix} + x_5 \begin{bmatrix} 4 \\ 0 \\ -1 \\ 0 \\ 1 \end{bmatrix} = c_1 \begin{bmatrix} -7 \\ 0 \\ 3 \\ 1 \\ 0 \end{bmatrix} + c_2 \begin{bmatrix} 4 \\ 0 \\ -1 \\ 0 \\ 1 \end{bmatrix}.$$

12. (1) 无解;(2) $\begin{bmatrix} x_1 \\ x_2 \\ x_3 \\ x_4 \end{bmatrix} = \begin{bmatrix} \frac{5}{4} \\ -2x_4 - \frac{1}{4} \\ -2x_4 \\ x_4 \end{bmatrix} = x_4 \begin{bmatrix} 0 \\ -2 \\ -2 \\ 1 \end{bmatrix} + \begin{bmatrix} \frac{5}{4} \\ -\frac{1}{4} \\ 0 \\ 0 \end{bmatrix}$

$$= c \begin{bmatrix} 0 \\ -2 \\ -2 \\ 1 \end{bmatrix} + \begin{bmatrix} \frac{5}{4} \\ -\frac{1}{4} \\ 0 \\ 0 \end{bmatrix}.$$



## 习题五

1. (1) 所有大学生不都会讲英语;

（2）所有数的平方不小于零；

（3）有的学生没有取得“大学数学”课程的学分.

2.（1）设 $P$ 表示命题：上午下雨；$Q$ 表示命题：我去登山；$R$ 表示命题：我在家看书. 则 $\neg(\neg P \to Q) \leftrightarrow (P \to R)$.

（2）设 $P$ 表示命题：张志去；$Q$ 表示命题：李明去；$R$ 表示命题：小朗去. 则 $\neg P \wedge \neg Q \to R$.

（3）设 $P$ 表示命题：我们划船；$Q$ 表示命题：我们跑步. 则 $\neg(P \wedge Q)$.

（4）设 $P$ 表示命题：我今天打篮球；$Q$ 表示命题：今天下雨. 则 $\neg Q \to P$.

（5）设 $P$ 表示命题：你在；$Q$ 表示命题：他演出；$R$ 表示命题：你伴奏. 则 $P \to (Q \leftrightarrow R)$.

（6）设 $P$ 表示命题：你给我发邮件；$Q$ 表示命题：网络出了问题. 则 $\neg(\neg P \leftrightarrow Q)$.

3.（1）“这个星期六天晴且我们去参观叶帅故居”； 

（2）“这个星期六天晴或我们去参观叶帅故居”；

（3）“如果这个星期六天晴，那么我们去参观叶帅故居”；

（4）“这个星期六不是天晴且我们去参观了叶帅故居”；

（5）“这个星期六天不晴且我们没去参观叶帅故居”；

（6）“这个星期六天不晴或我们没去参观叶帅故居”.

4.（1）是永真式；（2）是永真式；（3）是永真式；（4）是可满足式.

10. 提示：

（1）设 $P$：政府提高工资；$Q$：政府提高物价；$R$：有通货膨胀；$S$：政府限制通货膨胀；$T$：老百姓经济利益受损；$U$：政府的威信降低.

证明 $(P \vee Q \to R) \wedge (R \to S \vee T) \wedge (T \to U) \wedge (\neg S \wedge \neg U) \Rightarrow \neg P$.

(2) 设 $P$：张明去春游；$Q$：李华去春游；$R$：王宏去春游.

证明 $(\neg(\neg P \wedge \neg Q) \to R) \wedge P \Rightarrow R$.

(3) 设 $P$：我学习；$Q$：我的大学数学及格；$R$：我热衷于玩电游.

证明 $(P \to Q) \wedge (\neg R \to P) \wedge \neg Q \Rightarrow R$.

(4) 设 $P$：6 是偶数；$Q$：7 被 2 除尽；$R$：5 是素数.

证明 $(P \to \neg Q) \wedge (\neg R \vee Q) \wedge R \Rightarrow \neg P$.

(5) 设 $P$：天晴；$Q$：下雨；$R$：我去登山；$S$：我在看书.

证明 $(P \vee Q) \wedge (P \to R) \wedge (R \to \neg S) \Rightarrow S \to Q$.

## 习题六

1. (1) $T$；(2) $F$；(3) $T$.

2. (1) 限定论域为整数集 $\mathbf{Z}$，设谓词 $O(x)$：$x$ 是奇数；$E(x)$：$x$ 是偶数.

命题可表示为：$(\forall x)(O(x) \to \neg E(x))$.



(2) 设 $L(x, y)$ 表示 $x$ 比 $y$ 快，$M(x)$ 表示 $x$ 是火车，$G(x)$ 表示 $x$ 是汽车.

命题可表示为：$(\forall x)(\exists y)(M(x) \wedge G(y) \wedge L(x,y))$.

(3) 设 $L(x, y)$ 表示 $x$ 比 $y$ 快，$M(x)$ 表示 $x$ 是火车，$G(x)$ 表示 $x$ 是汽车.

命题可表示为：$(\forall x)(\exists y)(M(x) \wedge G(y) \wedge L(x,y)) \wedge (\exists x)(\forall y)(M(x) \wedge G(y) \wedge L(x,y))$.

(4) 设 $P$ 表示“明天天气好”，$F(x)$ 表示“$x$ 去春游”，$M(x)$ 表示“$x$ 是人”.

命题可表示为：$P \to (\exists x)(F(x) \wedge M(x))$.

(5) 设 $F(x)$ 表示“$x$ 自私”，$M(x)$ 表示“$x$ 是人”.

命题可表示为：$(\exists x)(M(x) \wedge F(x)) \wedge \neg((\forall x)(M(x) \to F(x))$.

(6) 设 $F(x)$ 表示"$x$ 努力奋斗", $M(x)$ 表示"$x$ 成功".

命题可表示为: $(\forall x)(F(x) \to M(x))$.

3. (1) 2 既为素数也为偶数;

(2) 任何奇数都不能被 2 整除;

(3) 任何能被 2 整除的数必为偶数;

(4) 任意素数都整除某一偶数.

4. (1) $F$; (2) $T$; (3) $F$.

5. (1) $T$; (2) $F$; (3) $T$.

10. 提示:

(1) 设 $P(x)$: $x$ 是三角函数; $Q(x)$: $x$ 是周期函数; $R(x)$: $x$ 是连续函数. 则公式推理为: $(\exists x)(P(x) \to Q(x))$, $(\exists x)(Q(x) \to R(x)) \Rightarrow (\exists x)(P(x) \to R(x))$, 不是有效论证.

(2) 设 $P(x)$: $x$ 是三角函数; $Q(x)$: $x$ 是周期函数; $R(x)$: $x$ 是连续函数. 则公式推理为: $(\exists x)(P(x) \to \neg Q(x))$, $(\exists x)(Q(x) \to R(x)) \Rightarrow (\forall x)(P(x) \to \neg R(x))$, 不是有效论证.

(3) 设 $P(x)$: $x$ 喜欢步行; $Q(x)$: $x$ 喜欢乘汽车; $R(x)$: $x$ 喜欢骑自行车. 则公式推理为: $(\forall x)(P(x) \to \neg Q(x))$, $(\forall x)(Q(x) \vee R(x))$, $(\exists x)(\neg R(x)) \Rightarrow (\exists x)(\neg P(x))$, 是有效论证.

(4) 设 $P(x)$: "$x$ 是公民"; $Q(x)$: "$x$ 是选民"; $R(x)$: "$x$ 是居民". 则公式推理为: $(\forall x)(Q(x) \to P(x))$, $\neg(\forall x)(R(x) \to P(x)) \Rightarrow (\exists x)(R(x) \to \neg Q(x))$, 是有效论证.

(5) 设 $P(x)$: "$x$ 害怕困难"; $Q(x)$: "$x$ 获得成功"; $M(x)$: "$x$ 是人". 则公式推理为: $(\forall x)(M(x) \wedge P(x) \to \neg Q(x))$, $(\forall x)((M(x) \wedge Q(x)) \vee (M(x) \wedge Q(x))$, $(\exists x)Q(x) \Rightarrow (\exists x)\neg P(x)$, 是有效论证.